切削の本

ごく普通のサラリーマンが書いた
機械加工お助けマニュアル

山下 誠［著］

大河出版

はじめに

　時代の流れなのだろうか、生産工場の切削職場に足を踏み入れてみると、皆さん忙しく動いておられる。決して働いているとは言っていない。
　休み時間になると会話もなくスマートフォンと格闘している。過去には無かった光景がそこにある。

　昔ながらの職人さんは団塊の世代の終わりとともに引退し、マニュアル化されたシステムだけが残った。失敗をしないシステムである。失敗をしないので、なぜその決まりになったか作業者は理解していない。
　そして、マニュアル以外のイレギュラーな事象が発生すると電池切れのロボットのように設備の前で固まる。何度この様な状況を目にしたことか。しかし、当の本人は困らない。なぜかというと修理屋さんに電話をかければ済むからである。

　一方、上司からは、改善しろ改革しろと催促される。改善しようと頑張ってみるがアイデアがでない。失敗すると責任を取らされる。成功しても上司の手柄「私がやらせました」。ならば言われたことだけやれば良い。そう考えるのは当たり前かもしれない。

　ですが、このように考える方は、まだ切削の本当の世界を知らない方だと思います。私自身も馬鹿にされたことは多々あります。でも、やればやるほど面白くなってきて辞められないのがこの世界です。この本は私、ごく普通のサラリーマンの身の周りで起きた過去の出来事の事例をベースに書かせていただいております。

　読んでいただき、最後に「なるほど」と読者の皆様から発せられたなら、至極幸いと考えます。

また、これからの時代を担う若い方々には、少しでも切削の世界が「わくわく・どきどき」の面白世界！であると感じていただけたらありがたいです。

　本書の企画にあたり、大河出版の担当者・古川英明氏には大変お世話になりました。また、出版をご快諾いただいた吉田幸治専務、金井實社長に感謝申し上げます。

山下　誠

● どうしようもないプロフィール

1978年	国立群馬工業高等専門学校を卒業しトヨタカローラ群馬（カーディーラー）に就職。
1980年	ディーラーを退職し実家である自動車修理工場に入る。同年両親が離婚。離婚を期に修理工場より離脱。
1981年	ガソリンスタンドで半従業員として何とか食いつなぐ。
1982年	共同経営にて雀荘経営開始。
1983年	雀荘を売り払い、焼き鳥屋を開店。
1984年	体を壊し自転車操業の焼き鳥店より撤退。公務員試験を受けるも年齢制限により不合格。追い込まれる中、カーディーラー時代の先輩より鳶職の親方を紹介され、こちらで何とか生活を食いつなぐ。……鳶の親方には大変お世話になり、いまだに感謝の念に耐えない。
1985年	年も明けたが世の中の景気は厳しく、会社の募集も少なく四苦八苦していたが、ある知人より電装品会社の紹介があった。募集はしていないが面接してくれるよう頼み込んでくれた。勿論、試験勉強からは当の昔に縁が無くなっているので、入社試験も出来るはずがなく、半ば諦めていたが、面接時の印象が良かったということで、採用が決まった。勤務先の工場長からは「君はこんなに仕事を変わって、うちの会社が勤まるのかね～」というのが最初の一言であった。1985年1月26日のことである。
1987年	新たな転機があった。新製品の開発に伴って試作品開発の人員要請である。その時、「あいつがいい！」と推薦してくれたのが「うちの会社が勤まるのかね～」と言っていたあの工場長であった。その後1年半の開発を終了し、ライン構築を経て量産にはいった。
1988年	加工ラインでは当時出始めたCNC旋盤が導入された。プログラムも解る人材はおらず、毎日仕事が終わってから自宅にファナックの黄色い本を持ち帰り、夜中の1時2時まで読んだ。
1989年	恩師との出会い。当時、切削の右も左も分からない私に、切削の基礎や原理原則を1から教えていただいた恩師との出会いがこの時期である。今まで、見よう見まねでやって来たことが、なぜ・どうして・だ

	からと理屈が伴ってきたため、何をやっても面白くてしようがない時期に入る。
1990年	アメリカ工場の構築に伴うCNC旋盤の設置と取扱指導のため、初めての海外デビュー。帰国後、工場内に生産技術係が設立され主任として異動。工場全体の加工設備、刃具管理、副資材（クーラント等の油脂類）の選定・改善・不良解析等に従事。
1995年	生涯の相棒（ライバル）との出会い。工場の生産技術係といっても、切削関係を行っているのは私だけ、仕事のボリュームが半端でないため、同僚として年齢は私より9歳年上のベテラン係長が異動。歳は違えど何か馬が合い、よく徹夜で改善トライを行った。既に現役はリタイヤされたが、今でも釣りでは良きライバルである。
1996年	工場内切削寺子屋の開設。工場内で切削の基礎の勉強会を開催。同時期、海外特にアジア圏の拠点が続々立ち上がり、切削関係の支援要請も頻繁となる。年間の3割は海外支援のため出張で飛び回っている状況。
2002年	生産技術部へ異動。2002年以降海外支援が急激に加速し、年によっては半分が海外といった状態がつづく。
2009年	国内関係会社への収益改善プロジェクトに異動。相変わらず海外拠点への支援活動は保有。
2012年	新たな人材の補強として若手エースを補充いただき、チームとして切削要素技術開発から海外支援およびサプライヤーへの技術支援、不良対策等々、設備選定・刃具選定・コスト試算等まで全てに精通した専門チームとして活動中。現在は4名で国内工場はもとより、中国、台湾、インド、インドネシア、タイ、ベトナム、フィリピン、アメリカ、メキシコ、ブラジルと広範囲に対応し現在に至る。10年パスポートを増刷しても8年で一杯になりました。
2017年	あっという間に駆け抜けてきたサラリーマン生活に区切りをつける。早い話が定年なのでこれからはフリーランスで食べて行かねばならなくなった。

目次

はじめに …… ii

どうしようもないプロフィール …… iv

第 1 章　切削って何？ …… 2

第 2 章　お前はバカかエピソード …… 6

第 3 章　月日が経てばバカは常識になる …… 10

第 4 章　切込みは少ない方が良いというのは嘘八百 …… 12

第 5 章　加工はトータルバランス（アンバランスが命取り）…… 18

補足資料　施削加工における 12 のポイント …… 22

第 6 章　加工設備（工作機械）、大は小を兼ねない …… 24

第 7 章　材料特性を知らずに加工するのは愚か者 …… 28

第 8 章　削り屋は五感を使って仕事せよ …… 32

第 9 章　切り屑を制するものは切削加工を制す …… 36

第 10 章　職人は見えないところで一工夫 …… 42

第 11 章　切削に「より良い」はあるが、「これで良い」（完璧）はない …… 46

第 12 章　薄くて高い壁は倒れ易い …… 50

第13章	たかが水されど水 …………………………………… 54
第14章	抜けバリは角に出る。角をたてると腹も立つ。 …………… 60
第15章	面粗さ、理論と実際は倍違う。理論値をそのまま使うな！
	…………………………………………………………… 64
第16章	何とかと刃物は使いよう、刃具選定理由を明確にせよ。…… 68
補足資料	刃具選定の基準となる項目と手順 ……………………… 76
第17章	刃物は人に向けたら凶器、自分に向けよ。………………… 92
第18章	設備の振動は体調不良の前兆。定期検診が予防の要。……… 94
第19章	隅R、喧嘩の火種は図面から。機能を知ることが大事。…… 98
第20章	ツールホルダ、突き出し長けりゃ撓みは増すよ。 …………… 102
第21章	知ってるつもりで見落とすのが芯高 ……………………… 108
補足資料	バイト芯高確認 …………………………………………… 112
第22章	シリカ入り樹脂と鉄（SPCC）の同時切削。さて刃具は何使う？
	…………………………………………………………… 114
第23章	超硬ドリルの寿命はコーティング有無で大きく変わる …… 118
補足資料	再研削・ノンコート品の性能 …………………………… 122
補足資料	ドリルの損傷について …………………………………… 123

第24章 チャックしないで旋削加工するには？ …………………… 128

第25章 ゆりかごから墓場までの覚悟で設備は入れるべし ………… 132

第26章 加工時間短縮！ 切り屑が出ている時間以外はムダと心得よ！
　　　　………………………………………………………………… 138

第27章 加工時間短縮と刃具寿命アップは犬猿の仲 ………………… 142

第28章 ライン設備はネックを知れ。木だけ見るな森を見よ！ …… 148

第29章 世の中、万物が師である。遊びの中にもヒントがある。… 152

第30章 人生、見たり聞いたり試したり。試すことで自分のものとせよ！
　　　　………………………………………………………………… 156

索引 …… 160

切削エッセイ「おっさんの独り言」
さすが今の子、出てくる言葉に？？？…… 9 ／ 加工職場の生と死…… 16 ／ あなたにとっての価値とは何？…… 27 ／ 考えることを忘れたら明日はない、先を読め…… 41 ／ 自分の道は自分で決めるのがだいじ…… 48 ／ 喧嘩は修羅場を潜り抜けて来たやつが一番強い…… 59 ／ 無から有を生み出せる、夢を現実にできるのが人間…… 63 ／ 事実を知らずして構想を語るな…… 90 ／ 「刃物おたく」？ どうせなら「切り屑の魔術師」と呼んで！…… 101 ／ 自分が自分であるために…… 107 ／ 相棒はだいじにせーよ…… 113 ／ 所詮この世は理不尽にできている。それを嘆くか？ それとも変えるか？…… 117 ／ 現場の笑顔が皆を幸せにしてくれる…… 126 ／ ほんとうの親切って何？…… 136 ／ 前後の工程を知らないと切削バカにはなれない…… 146 ／ 最後に一言…… 159

切削の本
ごく普通のサラリーマンが書いた
機械加工お助けマニュアル

第1章 切削って何？

> 普段、現場で何気なく使っている用語の数々。当たり前に使いすぎて、案外その奥深くにある「本当の意味」を知らなかったりする事ってあるよね。それじゃ手始めに、この本のテーマである「切削」の意味を探ってみよう。

「切る」は"刃物で物をわける。つながりを断つ"の意。良く例題に出てくるのがりんごの皮剥き。切り取った皮をもとのりんごに巻きつけていくとほぼ元通りの皮を剥く前の状態にもどる。

これに対し「削る」は物の表面をそぎ取るの意味である。よって、そぎ取るためにはそれなりの応力が働くため、切った皮は圧縮され長さや厚さは変化する。もとのりんごには戻らない。現実に切り屑をうまく加工した被削材に巻き付けていくと1/3程度までしか巻きつかない。

切るという動作と削るという動作が同時に行われていることが良くわかる。

様々な本を読んでみると以下のように記述されている。

「**切削加工**とは、**切削工具**（バイト）と**工作機械**を用いて、**工作物**から不要な部分を取り除き、所要の**寸法精度**、および**表面粗さ**に仕上げる方法です。切削加工の例として**旋削**の場合、工作物を高速で回転し、切削工具を送ると、不要な部分が削り取られます。この場合、**切りくず**は大きく変化するので、刃先先端は高温・高圧となります。そのため切削工具には、工

作物よりも、少なくても3倍以上の硬さが必要とされます。」

　これを読み流せばそのとおりなのであるが、この短い文章の中には重大な要素が2つ隠されている。

　まず第1は、「工作物から不要な部分を取り除き」とある。簡単に言えば、余分なお肉（私の腹の肉と同じ）がなければ切削することが出来ないという点です。
　10年ほど前の話になりますが、こんなことがありました。
　設計の若い担当者が**被削材**（加工前の材料・工作物）と図面を持って、私のところに来て「これをこの図面どおり加工してもらいたい」と言うのです。私は被削材の寸法を測定しながら図面の基準面や粗さ、仕上がり寸法等を見比べて「私も神様ではないので、この加工は出来ません」と回答しました。このとき、設計担当は顔を真っ赤にして「なんで出来ないのですか」と怒り出してしまった。そこで、私は被削材と**ノギス**（キャリパー）を手渡し、

「図面を見ながら、切削する部分の外径を測ってごらん！」「切削って余分なお肉の**除去加工**なんだよね！」

担当者、無言……次に出た言葉が「すいません、また来ます」と言い残し、風のように去って行きました。

もうお分かりかと思いますが、被削材の加工する部分の外径が図面の仕上がり寸法と同じだったのです。

第2は「切削工具は、被削材よりも、少なくても3倍以上の硬さが必要」とある点です。

解りやすく考えると切削工具が戦車で被削材は軽自動車、この戦車と軽自動車が正面衝突しているようなものです。

どちらが勝ったかって？　そりゃ戦車が負けるわけには行かないでしょう。何何、戦車が負ける話はないのか？　では、切削工具が被削材に負けた出来事を記載しましょう。

これは、私がまだ製造工場にいたころの話ですが、薄い2枚の鉄板を締結する技術として、**スポット溶接**というものがあります。これに使用している主電極は**タングステン**（元素記号W）という金属から出来ています。当然ながら電極ですので発熱や溶着等により傷みますので、再成形が必要となります。ところが、このタングステンという材質は非常に硬い材質で、Hv2100程度の硬さがあります。

通常は研削で成形するのですが、ある日、私の上司が「再研磨業者に聴いたら、**ハイス工具**で切削していると言っていた。うちも切削で成形加工出来ないか」との問い合わせがきた。

私は何かの間違いではないですかと聞き直したが、「いや、確かにそう聞いた」という。なぜ聞きなおしたかというと、ハイス（SKH）の硬度はHv800〜900であり、これを戦車とするならば、タングステン電極は超合金ロボ、昔アニメであったマジンガーZなみの相手となってしまうからだ。

そこで、切削原理には合わないが、とりあえずハイス工具で切削してみましょうということで、タングステン電極を旋盤に咥えて削ってみた。

見事に削れました、ハイス工具が！　やはり戦車と言えども超合金ロボには勝てなかったということですね。

　この文章をお読みの方は、お笑いになるかもしれませんが、知らないということは恐ろしいもので誤った情報が一人歩きしたり、切削加工出来ない図面が点検・承認印が入って回って来たりというのが実状であり、以外と落とし穴になっているので、まず戦う相手を充分に知ることが必要。

　この重要な2つの要素が解ったところで、一つ考えていただきたい。余分なお肉は多い方が良いか、少ない方が良いか。
　この回答については、第2章「お前はバカかエピソード」の後で詳しく解説したい。

 余分なお肉（私の腹の肉と同じ）がなければ切削することが出来ない。切削工具は、被削材よりも、少なくとも3倍以上の硬さが必要。

お前はバカかエピソード

> 皆さんの発言に上司から頭ごなしに否定され、バカ呼ばわりされた経験はないかな。今は当たり前だけど、時代が違うとこんなに違うというお話です。

ここ数年前より、**ニアネットシェイプ**ということばをよく聞くようになった。今でこそ当たり前とされているが、20年前は、この様な考え方が浸透していなかったため、多量の切屑を出すのが引き物屋とされていた時代があった。そんな若かりし頃の話です。

当時、私の所属していた工場では、毎週月曜日になると工場長以下部課長一同が会議室に集合し、生産会議（Q・C・D会議）を実施していた。もちろん、私は今も昔も平のサラリーマンであるので、歴戦の勇者が集まって、喧々囂々とやり合っているところなど、縁があるはずもなく、通常の業務に勤しんでいた。

そんなある日、一本の電話が掛かってきた。受話器を取ったのは女子社員のAさん、受話器を置くなり私に、「山下さん、工場長がすぐ会議室来てだって」はあ～、何か悪いことしたかな？などと思いつつ、言われるままに会議室に向かいました。会議室のドアを開けると、昔のことですから、怖い顔のおっさん達が勢ぞろいして、こちらを「ジロッ」と見るではありませんか。いやだよー、私は思わず「ごめんなさい」と言いそうな気持ちを抑えて、「何か御用ですか」と尋ねた。口火を切ったのは、当時の工場長である。「実はな、今回立ち上がったH製品で、ここの部品の加工時間が長くてコストが合わないんだ。何かいいアイデアはないか聞きたくて呼んだ

んだよ」 私、ホッ！

そうですかと言いつつ、私は前にある素材（被削材）と仕上がった加工済の品物を見比べて、考えていました。更に工場長から追い討ちとばかりに、「何かいい手はないのかい！」と催促の一言。

そこで私、「簡単な手がありますけど」……各々が「何だそれは、言ってみろ！」以下当時のやり取り。

私：「極端な話をしますと、削らないんですよ。削るから時間がかかるんでしょ。」
課長：「お前はバカか！ 何を考えているんだ！ 精度がだせないだろう。」

殆どの部課長さんがこちらを睨んでバカ呼ばわりしている中で、ひとりのK課長だけがこんなことを、

K課長：「そうだよな、削る部分が多いから時間がかかるんだよね。もっと

削り代を少なくできれば、材料費も浮くし、加工も早くできる可能性があるっていうことだね。」
私：「その通りです。特にこの端面の加工の**削りしろ**は6㎜あります。強断続の切削となるため、1回に落とせる量（**切込み**）は1㎜程度と思われます。そうしますと、この部分だけの加工で6回の加工動作が発生します。これが1回で加工できたら加工時間は短縮できますよね。更に、この部品は総削りとなっております。機能上削らなくて良い部分（素材を活かす）部分があれば、そこは削らないのが良いと思います。究極の切削は削らないことと考えますので。」
K課長：「よし分かった。この件、設計を含め**肉盗み**を検討するよ。ありがとう。」

今になって考えてみると、これも立派なニアネットシェイプの考え方だったと思います。ですが、当時としては、圧倒的多数が、私を変人扱いであったのも事実です。

いやはや、この章にはポイントなんてありゃしねぇ。皆さんお笑いだと思う。こんなことが昔あったんだよ。とっととページをめくって第3章に行ってくれ。

さすが今の子、出てくる言葉に？？？

　私たちのチームは、私を除く3人のエースとエースになれない仕事嫌いの私ジョーカーの4名で世界中の拠点を飛び廻り、日本にいるときは要素技術の開発に勤しんでいる。私の場合、あまり戦力にならないので実質3.5名なのかもしれない。

　そんなエースの一人と研削についてあれやこれやと話していたときのことである。昨年からうちのチームに研修で来ている新人君も同席していた。そこで新人君に「今、研削の話をしているけど研削とはどんな加工か分かる？」と尋ねてみた。返って来た回答が「Google（グーグル）ですか？」。一瞬私もエースも「は〜？？？」。

　研削と検索を取り違えていることに気づき、完璧に意味を取り違えて、理解しているように振舞っていたことがわかった。

　また、ある新人君はパソコンのマウスを操作しているとき「そこで右クリックして」と指示したら「長押しですか？」と聞かれた。流石スマホ時代の人類だと感じるとともに、時代の流れについていけない自分を感じた次第である。

第3章 月日が経てばバカは常識になる

> 第2章でお話しした、「お前はバカか」エピソードでは私の説は変人扱い。あれから15年。その説の評価はこのように変わりました。

　その後、15年の月日は流れ、私も製造部から工機部、更に生産技術部と流れ流れてある日、当時の工場長（現在は役員）に、たまたま関係会社の切削加工職場で顔を合わせました。お互い、顔を合わすのは何年ぶりかでしたので、「ご無沙汰しております」と声をかけると、「元気だったか、またこんなところで何悪さしてんだ」と返ってきました。「ちょっと加工改善をね」と答えると、「山下、究極の切削は削らないことだよな」と更に返ってきました。昔、K課長に回答したあの言葉を覚えていてくれたことに、驚きと嬉しさが込み上げてきたのは事実です。どうせなら、もうちょっと給料上げてくれても良かったのにと思うのはサラリーマンの性であろうか。

　いずれにしても、自分の考え方をしっかり持つことは大事であろうし、時代が変われば天動説から地動説に常識が変化するコペルニクスの気持ちはよくわかる。まあ、何も考えない輩より「なるほどそうだよな」と言ってくれたひとりの課長さんに感謝すべきであろうか。

　さて、削るとしたら、削りしろはどのくらいあれば良いのか？　多い方が良いのか、少ない方が良いのかのお話を次の章でお話ししたい。

賢い上司は何が言いたいかを理解し結論に至る。頭が柔軟でない上司は考え無しに罵声を浴びせる。上司の技量を知るのによいチャンスと思え。

第4章 切込みは少ない方が良いというのは嘘八百

> 切削をやっている人は結構切込みは気にするよね。でも意外と少ない方が良いと勘違いしている人が多いのではないだろうか。そんな切込みのお話しです。

　旋盤で加工された品物をじっくり見つめて「ウフッ」……「きもちわる〜」いやいや、加工条件とセッティングがマッチングしたときの加工面（引き目）は非常にきれいで芸術的とも言える。これに対し、皆さんは次のような経験をしたことはないだろうか。引き目を観察していくと、所々引き目は隣にずれている個所がある。

　ずれた部分は若干色も変わっている。さてさて何が原因なのか？色々な要因はあるが、仲間内でよく言われるのが「目飛び」という現象。この現象と因果関係にあるのが切込み量であるが、以下にわかり易く書いてみたので、イメージを作ってほしい。

　一度で最終製品となる形状を付与する加工法のことを**ネットシェイプ**加工というが、前の章でお気づきのようにネットシェイプの前にニアが付いている。ニア＝近いという意味で最終形状に近い素材（被削材）ということになります。ではどこまで近ければ良いのか？　この近さが切削でいう切込み量（a_p）となるわけで、近ければ近いほど良いかというと、そうではないのがこの世界である。

　人の世と同じで、程々が良い。過ぎたるは及ばざるが如しである。

　では、なぜ少なすぎるとダメなのか？　削るというのであるから、当然

刃具が必要となる。通常市販されているインサートチップに注目してみると、刃先がRになっている。このRサイズは0.2、0.4、0.8、1.2㎜の0.4㎜飛びで市販されている。このRを車のタイヤに見立てて下図を眺めてほしい。

図A

切込み

図B

　図Aはタイヤのrと縁石の高さが同等となっている図である。これだと車止めの縁石が、しっかりとタイヤをブロックしていると推測できる。イメージとしては、材料（被削材）に刃具がピタッと密着しているイメージとなる。
　図Bは縁石の高さがRの3分の1の図である。この状態であると車のスピードがゆっくりであっても縁石を乗り越してしまう。被削材に刃具が喰い付かない、タイヤで表現するとグリップしない状態になる。旋削では等間隔の加工した引き目が現れるが、図Bのようにグリップしない状態が発生するとこの引き目が等間隔にならずタイヤの乗り越し現象がおきる。（目飛びと呼ばれる）これが起きると寸法が不安定になったり、粗さが部分的に悪くなったりという悪さが出てくる。
　よって、基本的削り代は最低ノーズRの半分、目安は使用する刃具のノーズR分が仕上げ加工の目安であると思われる。

よく現場で耳にする会話として、以下のようなやり取りがある。

A：「仕上げ加工なもんで、仕上げの切削代（切込み）を0.2㎜にしているんですが、切り屑が伸びちゃって仕事にならないですよ。」
私：「切込み0.2㎜だと刃具のノーズRは0.2㎜か0.4㎜、粗さを重視するのであれば0.4㎜仕様の**仕上げ用ブレーカ**になるけど、切り屑処理性だと0.2㎜仕様だね。今何使っているの？」
A：「面粗さがうるさいもので、ノーズRは大きい方が同じ送りでも良くなると聞いたのでR0.8を使ってます。**チップブレーカ**てなんですか、型番はTNMG160408GSと箱に書いてありますけど」
私：「あいやー！　そりゃ切り屑が伸びたではなく、伸ばしちゃっただよ。まず、第1の間違いは刃具のノーズR0.8を使うなら、切込み設定は0.4～0.8㎜程度に設定しないとダメだよね。第2の間違いは型番の最後についているGSだが、これはメーカーによって記号は違うのだけどチップブレーカの種類を表すもので、GSは荒中引き用の時に切り屑処理ができるよう設計されたブレーカのようだね。ということは、切込みは1㎜以上あるときに有効なブレーカということになるよねー」
A：「間違っているのは、何となく理解できるんですが、どの様に設定を変えればいいのですか」
私：「まずは、刃具型番のTNMG160408使用するとした場合は、切込みを0.4～0.8㎜程度内に設定する。次にチップブレーカの型番をGS荒中引き用から、同じメーカーで設定するならHQ仕上げ中引き用またはXP仕上げ用に変更する。他メーカーのものもカタログを見て選定してもよい。ブレーカ型番はアルファベットだけではなく、－01、－17といった数字の場合もあるので注意してね」
私：「切込みを0.2㎜と設定した場合には、刃具を型番TNMG1604"08"→"02"または"04"に変更する。更に上記同様チップブレーカの型番をGS荒中引き用から、XP仕上げ用に変更する。」
A：「どちらが良いのですかね？」

私:「どちらもメリットとデメリットがあるから、どちらも自分の目で確かめるのが真実ではないかな！　良いものを早く・安く・安全かつ確実に造り出せるのが、一番良い方法となるはずだよね」

　以上のように仕上げの切込みは、刃具のノーズＲによって設定が変化するし、面粗さや加工精度の重要性によっても変える必要がある。
　ゆえに、切込みは少なければ少ない方が良いというのは嘘八百であると私は考える。

 切込み量は多くても少なくてもダメ。粗加工ではノーズＲ分〜ノーズＲの２倍程度。仕上げ加工ではノーズＲ分〜ノーズＲの半分程度。

加工職場の生と死

　私も自社の工場だけではなく、関係会社への改善指導に行く機会が多々ある。ピンポイントで改善するのはそう難しい話ではない。問題は改善が維持できるか、新たな改善ができるか、といった観点から見たとき、その職場が成立するか否かである。その分かれ目の第1要件は、職場自体が生きているか死んでいるかだ。

　ある関係会社を支援したとき、切削の基本ができていないダメダメ職場であったが、オペレータはやたら明るい連中で、「この職場がこう変わったら面白くないかい？」と思いを語ると、「そうなったらいいっすね！」と乗って来る。こいつらまだ死んではいない。解っていないだけで其処を教えてやればなんとかなると確信した。

　2年かかったが良くなり刃具寿命のテストカットでも最初は「良かった・悪かった」だけの回答だった連中が、今では実際にテストしたときの切削3条件・テスト刃具と磨耗写真・切り屑と完成品をビニール袋に保管しそれを見せながら、あーだこーだと講釈を言えるまでになった。

　また、他の関係会社では、同様の話をしても自分の意見も言わない無反応状態の会社もあった。よって、こちらが改善の手本を見せても他人事でしかない無関心。職場での会話も少ない。こうなってしまったら職

場ではなく墓場になってしまうので、すぐには再生できない。3年から5年はかかる。

　皆さんの職場はどうかな？　夢を語れる職場ですか？　もし自分の夢を語れるのなら、まだまだやれる職場になるね。

第5章 加工はトータルバランス（アンバランスが命取り）

> 人の体はビタミンが欠乏したり、鉄分が欠乏したりすると体調壊すよね。設備も同じでバランスが悪いと悪影響が出るもんなんだよ。良いからと取り過ぎも禁物だね。

　皆さんは、こんな経験をしたことがないだろうか。上司の方から「加工時間を今の半分にしろ！」「刃具寿命は2倍にしろ！」「切り屑は短くパラパラにしろ！」。個々に見て行けばご尤もな話である。

　では実際に、手っ取り早く切削速度を2倍にして加工時間を短縮してみる。結果加工は可能であるが刃具の寿命は半分以下に低下、切り屑は長く伸びてしまったと言うようなことはないだろうか。

　そう、これら3者はジャンケンポンの世界、または、蛙（かえる）と蛇（へび）と蛞蝓（なめくじ）の俗にいう3竦みの状態であることが解る。どこか1要件を良くすると他が悪くなることは多々あることで、全部を欲しがるのは欲深というべきだろうか。では何もしないのか。そうではない。3者の均衡が崩れるから支障がおきるのであって、良くした要件に合わせ、悪くなる他要件をカバーする手

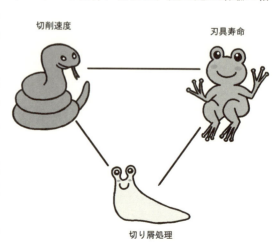

段を考える。そして、お互いの勢力の均衡が保てるようになれば、1ランク上の加工が実現する。

逆に言えば、1要件を変更したら、それによって変化するすべての要件を再設定する必要があるということである。

いかにも簡単に出来そうな言い方をしてしまったが、実際にはちょっとした変化が大きく影響する。

更に、ものには限度があるので、どこまでも改善できるわけではない。物理的に不可能なものは神であろうと、やりようはないだろう。言うは易し、行うは難しである。

それでは、ちょっとした変化とは、どの様なところなのかをまとめた表の一部を以下に示す。

大きく分けて12のファクターに分かれる。その各々にチェックする要素（見るべきポイント）が数点あるので、チェック項目としては50〜60項目となるだろう。調べるだけで大変な作業となるが人間ドックに行ったつもりで地道に調査するのが良い。

初めから全体のバランスが崩れて、均衡がとれていないものは、調査結果をもとにあるべき姿に戻す活動をすることで、格段に1ランク上の加工となったのが見て取れるようになる。ぜひお試し願いたい。

また、下表は全体のごく一部であるため、使用例は本章の次のページの「旋削加工における12のポイント」を参照ください。

旋削加工における12のポイント

ファクター	チェックする要素	留意すべき点
① 材料特性	硬度・脆さ・高温強度・加工硬化性・親和性・熱伝導率・複合材料等及び被削性指数	難削材と呼ばれているSUS304等では被削性指数30％と非常に削りにくい。（溶着・被削物温度上昇大加工硬化層発生等）難削材用の刃具・条件等の設定が必要。まず相手の特徴を知ることが肝要。
② 工作機械の精度と剛性	工作機械の剛性・精度バラツキ・出力の大きさ・被加工物加工範囲・工具ステーション数・メンテナンス性	工具の剛性と合せて、大きな振動の生じないものを選ぶ。高強度材・高硬度材の切削ではバックラッシュの生じないものを選ぶ。不安定な据付状態でないこと。

ファクター	チェックする要素	留意すべき点
③ 被加工物の剛性	加工物の形状・保持部の剛性・引張り強度	振動やたわみを生じない状態で切削できること。※細長の被加工物は特に切削抵抗によるたわみに注意する。薄肉の被加工物はチャック圧力が高いと変形するので中子やチャッキング方法を工夫すること。
④ チャック部の保持状態	チャック本体の振れ・保持面の当り状態 被加工物取り付け時の位置決めストッパー精度と傷み	チャック本体に振れがあると被加工物も同様に振れ、片削状態となり、切削抵抗が変化するため、真円度は悪くなる。寸法レンジにもよるが通常チャック振れは0.03㎜以下に抑える必要がある。
⑤ 加工方法	切削抵抗の大きさ・加工のプロセス・加工時間	被加工物の材料特性・選定工具材種の適用範囲・切れ刃形状・工作機械の特性等が考慮されて決められていること。(クーラント適応有無含む)
⑥ 切削条件	切削速度・切込・送り・切削方向	被加工物の材料特性・選定工具材種の適用範囲・切れ刃形状・工作機械の剛性・クーラント有無・連続または断続加工等の検討がされていること。
⑦ 切削油剤	水溶性‥‥クーラント濃度・PH・タイプ 不水溶性‥‥粘度・コンタミ混入状況・色相	被加工物の材料特性・選定工具材種等に合せた冷却、潤滑、切屑排除の3点が満足されていること。
⑧ 工具材種	ハイス・粉末ハイス・超硬・超微粒子超硬・サーメット・セラミック・CBN・ダイヤ・コーティング有無・コーティング種類（TiN、TiAlN等）	工具材種のどれを適用するかによって切削条件が変化するため、選定材種に対し、切削条件が適合しているか条件に材種が適合していること。
⑨ 切れ刃形状	加工目的にたいする掬い角の大きさ・ノーズR・ホーニングの有無、ホーニングの幅	切屑処理および工具欠損に大きく作用するため、チップブレーカーと合せて加工形態に合ったものが選定されていること。また、材料特性によっても選定が変わるので注意すること。
⑩ チップブレーカ	加工目的にたいするブレーカーの位置（粗切削用・中仕上用・仕上用等）、ブレーカー形状	切れ刃形状と密接な関係を持ち、切屑の排出方向及びカールの大きさ・長さにも影響を与えるため、切込み量も考慮して選定されていること。
⑪ 工具の剛性	シャンク母材 （工具鋼・超硬・ハイス） チップクランプ方式 （ピンロック・レバーロック・スクリューオン等）	シャンク母材を何にするかによって突き出せる長さの限界があり、これを超えるとビビりや刃先欠損につながる。クランプ方式は固定強度に影響する為、加工深さ・切削抵抗を考慮して選定すること。
⑫ 工具の取付け状態	シャンクオーバーハング量 （突き出し量） シャンク固定方法 （2点止め・3点止め・テーパーキー等） チップ拘束方法 （単面拘束・2面拘束等） 刃具の芯高さ	工具鋼の場合はシャンク角または径の3倍まで超硬シャンクの場合は5〜6倍までが突出し量の限界 拘束方法は切削抵抗が大きくなる所は2面拘束有効 内径ボーリングバイトの芯高はシャンク直径の1/50㎜高程度。

以上のような事柄が少しずつ関与しあい、微妙なトータルバランスで構成されているのが、この世界であり、このバランスが崩れたとき、現象としては寸法不良、粗さ不良、設備故障、刃具欠損、異常刃具摩耗等として発生する。大きな1頭を追うものは附属の12頭も面倒を見なくちゃならないので、簡単に言うほど甘くはない。

　尚、調査してもその結果が良いのか悪いのかの評価が必要となるため、本来あるべき原点がどこなのかの判断ができる基礎知識も必要となってくるため、誰でも良いということはない。

　ということで、あらかじめ人材の育成も重要なポイントとなってくる。これを疎かにして、改善・改善と騒ぐのはどうかと思うが、トータルバランスを造り上げれれる人材を、まずは1人育てられる体制が必要。

　何だかんだ言っても、最後は人の感性がものをいう。マニュアルだけでは通じない領域であると私は思う。

 12のファクターのバランスを調整していかに健康な体に創り上げられるかが重要。

旋削加工における12のポイント

ファクター	チェックする要素	留意すべき点
① 材料特性	硬さ・脆さ・高温強度・加工硬化性・親和性・熱伝導率・複合材料等及び被削性指数	難削材と呼ばれているSUS304等では被削性指数30％と非常に削りにくい。(溶着・被削物温度上昇大加工硬化層発生等)難削材用の刃具・条件等の設定が必要。まず相手の特徴を知ることが肝要。
② 工作機械の精度と剛性	工作機械の剛性・精度バラツキ・出力の大きさ・被加工物加工範囲・工具ステーション数・メンテナンス性	工具の剛性と合せて、大きな振動の生じないものを選ぶ。高強度材・高硬度材の切削ではバックラッシュの生じないものを選ぶ。不安定な据付状態でないこと。
③ 被加工物の剛性	加工物の形状・保持部の剛性・引張り強度	振動やたわみを生じない状態で切削できること。※細長の被加工物は特に切削抵抗によるたわみに注意する。薄肉の被加工物はチャック圧力が高いと変形するので中子やチャッキング方法を工夫すること。
④ チャック部の保持状態	チャック本体の振れ・保持面の当り状態 被加工物取り付け時の位置決めストッパー精度と傷み	チャック本体に振れがあると被加工物も同様に振れ、片削状態となり、切削抵抗が変化するため、真円度は悪くなる。寸法レンジにもよるが通常チャック振れは0.03mm以下に抑える必要がある。
⑤ 加工方法	切削抵抗の大きさ・加工のプロセス・加工時間	被加工物の材料特性・選定工具材種の適用範囲・切れ刃形状・工作機械の特性等が考慮されて決められていること。(クーラント適応有無含む)
⑥ 切削条件	切削速度・切込み・送り・切削方向	被加工物の材料特性・選定工具材種の適用範囲・切れ刃形状・工作機械の剛性・クーラント有無・連続または断続加工等の検討がされていること。
⑦ 切削油剤	水溶性……クーラント濃度・PH・タイプ 不水溶性……粘度・コンタミ混入状況・色相	被加工物の材料特性・選定工具材種等に合せた冷却、潤滑、切屑排除の3点が満足されていること。
⑧ 工具材種	ハイス・粉末ハイス・超硬・超微粒子超硬・サーメット セラミック・CBN・ダイヤ コーティング有無・コーティング種類(TiN, TiAlN等)	工具材種のどれを適用するかによって切削条件が変化するため、選定材種に対し、切削条件が適合しているか条件に材種が適合していること。
⑨ 切れ刃形状	加工目的にたいする掬い角の大きさ・ノーズR・ホーニングの有無、ホーニングの幅	切屑処理および工具欠損に大きく作用するため、チップブレーカーと合せて加工形態に合ったものが選定されていること。また、材料特性によっても選定が変わるので注意すること。
⑩ チップブレーカ	加工目的にたいするブレーカーの位置(粗切削用・中仕上用・仕上用等)、ブレーカー形状	切れ刃形状と密接な関係を持ち、切屑の排出方向及びカールの大きさ・長さにも影響を与えるため、切込み量も考慮して選定されていること。
⑪ 工具の剛性	シャンク母材(工具鋼・超硬・ハイス) チップクランプ方式(ピンロック・レバーロック・スクリューオン)	シャンク母材を何にするかによって突き出せる長さの限界があり、これを超えるとビビリや刃具欠損につながる。クランプ方式は固定強度に影響する為、加工深さ・切削抵抗を考慮して選定すること。
⑫ 工具の取付け状態	シャンクオーバーハング量(突き出し量) シャンク固定方法(2点止め・3点止め・テーパーキー等) チップ拘束方法(単面拘束・2面拘束等) 刃具の芯高さ	工具鋼の場合はシャンク角または径の3倍まで超硬シャンクの場合は5～6倍までが突出し量の限界拘方法は切削抵抗が大きくなる所は2面拘束有効内径ボーリングバイトの芯高は加工物直径の1/50mm高。

調査・測定項目	調査・測定結果	評 価	判 定
材種	S35C	比較的切削し易い材質であるため特に注意・検討する必要なきものと判定する	
硬度	表面硬度：平均Hv225.2		
加工硬化性	特になし断面硬度：HRB97.8		
親和性	超硬工具との親和性は中レベル		
被削性指数	70		
ベース材種	FcD	設備構造上では特に剛性として劣る所はないが、加速度振動大き過ぎるため早急に対応要す。**要注意**	対策要
スライド機構	X軸角スライド・Z軸リニアガイド		
スピンドル仕様	主軸径φ80ベアリング軸受		
設備振動レベル	加速度領域H方向14.3mm/sec^2		
異物物の有無	丸のバー材のため異形なし	加工物の径に対して突き出し量が6倍あり振れ止め精度が要求される。もしくは突出しを3倍以下に抑える。	対策要
中実・中空の有無	中実		
加工物のL／D	6倍長さ40㎜／φ7		
チャック本体の振れ		測定用マスター無き為測定不可	製作要
保持面の当り	特に大きな磨耗なし		
位置決め座面の磨耗	特に大きな磨耗なし	特に問題なし⇒	5月18日 製作測定
加工手順	端面加工4パス	③・④ファクターとの関連が強く、突出し量が最小に出来れば、おのずと解消できる項目である。	対策要
エアーカット	5.55秒		対策要
サイクルタイム	31秒		
図面粗さ指示	12.5s		
切削速度	82.4m/min最大	サーメット母材を使用するのであれば、推奨切削速度は150〜200m/min	検討要
切込み	1mm		
送り	0.15mm/rev		
主軸回転数	4400min^{-1}		
被加工物径	φ7		
クーラントタイプ	ソリューブル	濃度が若干薄い。通常5〜10%冷却効果が大きくなるためチョコ停時0.01mm程度寸法変化あり	調整要
クーラント濃度	3〜4％		
クーラントPH	PH7〜8		
クーラント成分	カストロール		
使用母材	サーメット・K種超硬	切削条件に対しての適合刃物母材は超微粒子超硬	検討要
コーティング有無	コーティングなし		
コーティング種類			
抗折力（例：P20相等）	P15〜20相等		
ネガ・ポジ	ポジタイプDCGT110302ERU	切削抵抗が少ないのはホーニング無し。但し、欠損の恐れあり	検討要
掬い角の大きさ	7°		
ノーズR	0.2mm		
ホーニングの有無	ホーニング有り		
ホーニングの幅		特に問題なし	
G級・M級	G級		
切削用途（粗・仕上）	仕上加工		
ブレーカー形状	ストレート溝		
シャンク母材	工具鋼	特に問題なし	
チップクランプ方式	ねじクランプ		
シャンクサイズ	20×20㎜		
シャンク突き出し量	25㎜	測定用マスター無き為測定不可	製作要
シャンク固定方法	2点特殊ボルト		
チップ拘束方法	2面拘束		
刃物の芯高さ	マスターにて測定異常なし	特に問題なし⇒	○月○日 製作測定
ツールレイアウト	ターレット近周り機能有り		

第6章 加工設備（工作機械）、大は小を兼ねない

> 皆さんは一人暮らしするとき冷蔵庫は大型冷蔵庫を買いますか。買わないよね。大家族なら必要だけどね。工作機械だって同じで相手に合わせたチョイスが必要だね。

　世の中では、大は小を兼ねるなど言うが、大は小を兼ねないのが切削の世界。

　皆さんは中型CNC旋盤と小型CNC旋盤のMAX回転数を比較したことが、おありだろうか。中型CNC旋盤（6インチ・8インチのチャックサイズ）ですとMAX3000回転～5000回転程度に対し、小型CNC旋盤（4インチのチャックサイズ以下）ではMAX6000回転～10000回転程度、ベルト駆動かビルトイン（ダイレクト　ドライブ）かによってもMAX回転数は違ってくる。もちろん、一般的にスピンドル　モーターのサイズも中型11/7.5kwに対し、小型は5.5/3.7kwと異なる。

　ここで言えるのは、中型CNC旋盤は出力（トルク）は高いがスピンドル回転は上がらない。それに対し、小型CNC旋盤は出力（トルク）は低いがスピンドル回転は上がる。

　なぜ違うのかと問われても、まだこれだけでは回答は出てこない。では実際の加工をイメージして新たな角度で見てみたい。

　6インチ・8インチのチャックサイズで咥えられる被削材の最大径は、6 in × 25.4㎜ × 70% = 107㎜、8 in × 25.4㎜ × 70% = 142㎜となる。適正最小径はこの半分程度となる。そう考えると、この設備で加工する被削材

は50〜140㎜程度のものがよいと想定できる。

ただし、50㎜以下の径のものを咥えられないかというと、そうではないので注意願いたい。

次に、切削するには刃具が必要となる。後の第16章で詳しく説明するが、刃具にも推奨切削速度がある。推奨切削速度は被削材がS45Cで超硬＋コーティングの刃具を使用しようと思っていれば、150〜200m/min程度、サーメット刃具であれば20〜300m/minぐらいで使用する設定が相場である。

ここまで、他の情報が得られると、何となく設備と被削材と刃具の関係が見えてくる。

例として、中型CNC旋盤にて$\phi 50$㎜と$\phi 10$㎜の２つの被削材を切削速度200m/minで外径加工しようとしたとき、必要となる**回転数**はいかほどになるか比較してみたい。

基本式は、切削ではおなじみの以下の式より回転数Nを求めればよい。

$$Vc = \frac{\pi \times D \times N}{1000} \qquad N = \frac{1000 \times Vc}{\pi \times D}$$

Vc＝切削速度(m/min)
N＝回転数(min^{-1})
D＝被削材直径(㎜)
π＝3.14

被削材径50㎜の場合の必要設備回転数

$$\frac{1000 \times 200}{\pi \times 50} = 1273 回転$$

被削材径10㎜の場合の必要設備回転数

$$\frac{1000 \times 200}{\pi \times 10} = 6370 回転$$

もうお解かりのとおり、$\phi 50$であれば中型CNC旋盤で設備能力に対する加工条件は満足するが、加工外径が$\phi 10$になると中型CNC旋盤で回転数が不足し、加工条件を満足できなくなってしまいます。全く加工出来ないわけではありませんが、良い加工とは言えないものになってしまいます。

ここに挙げた例は氷山の一角で、被削材材種や切込み量等と出力（トルク）の関係が出てきますので、戦う相手に合った武器を選ぶことが大切です。よって、大は小を兼ねないと確信します。

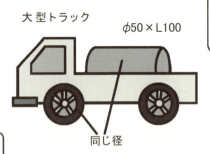

> ここが
> ポイント

ターゲットはどんな製品かを知り、それを造るための設備を選定するのが定石。相手を知らずして戦うことなかれ。

あなたにとっての価値とは何？

　人によって価値観は様々である。役職や地位に価値観を感じる人や、財産・土地・預金等に価値を見出す人、自分の生き様や行いに価値を見出す人、知識や技術に価値を見出す人等々、人それぞれである。

　だが、全てに価値観を覚える人はいないのではないだろうか？　逆に言えば、各々に価値観が違っていてもおかしくないし、それに対して妬む必要もない。ただ、自分の価値観を他人に押し付けるのはやめて欲しい。

　これらのことを踏まえて、人としての価値とは何か考えてみた。

　人によっての価値と人としての価値は、いささか意味が違うのではと思っている。役職や地位を持っている人は権限によって人を強いて動かすことができる。金の力もそうであろう。でも本心で人が動いているわけではないので、これを人としての価値とは思えない。

　私が考えるに、もし、私が本当に助けを求めたとき、無償で「あの人のためなら動く」といって何人の人を集められるかがその人の価値ではないかと思う。そうならないようにすることが第一だが、一人でもそう考えてくれる人がいたなら皆からそっぽを向かれる方々より、よっぽど人として幸せな価値があると確信する。

　こんな諺があるでしょ。「金の切れ目が縁の切れ目」なんてね。

第7章 材料特性を知らずに加工するのは愚か者

> 意外と自分で加工している材料の名称も知らない人が多いよね。お見合いでも恋愛でも相手のことを知ろうとするよね。知らずに結婚すると大変なことになるというのが次のお話しです。

「彼を知り己を知れば百戦殆からず」とは孫子の格言であるが、同じことが切削にも言える。

切削でいう彼とは**材料（被削材）**のことである。己とは今ある設備の能力や剛性、刃具やクーラント等の手持ちの武力度合いである。これらのことを私を含め皆さんはどれほど知っているでしょうか？

地上戦で竹槍部隊が勝利したとしても、地対空戦で同じ竹槍部隊が勝利することはまずありえないでしょう。戦う相手が違えば、それに合わせてこちらも変化させる、例えば地対空ミサイルを用意する等や同じ土俵に乗せるために戦闘機を準備するといった戦略変更が必要となります。

その戦略変更として切削の加工条件で回避するのか刃具で回避するのかといった内容が以下のお話しです。相手の癖を知らずに回避行動に入ると逆効果になる例です。戦争だったら以下の皆さんは戦死ですね。

さて、削り辛い材料、一般的には難削材と呼ばれている材料の有名人的存在は、何と言ってもSUS304であろう。18%のCrと8%のNiを含むステンレス鋼で、通常「ジュウハチハチ」と呼ばれている材料である。

こいつは結構根暗な性格で、ちょっとストレスが掛かると加工熱の発散

が出来ず、自分で加工硬化を起こしてしまう。そうなると大変で加工硬化層の上を切削することになり、刃具摩耗が著しく進行する。そうなる前に、必殺仕事人に依頼して、切れ味の鋭い刃物で一気に地獄へ送るのがよい。実際にはステンレス加工用の刃具が市販品で出ている。これを診るとやはり掬いの強い鋭い切れ刃となっている。これを使って、切削速度は落とし気味にし、高送りで一気に表面硬化層が進行する前にかたをつけるのがコツとなる。

　ある関係会社でステンレスのシャフトを切削加工する職場を見学したとき、こんなことがあった。
A：「山下さん、久しぶりですね。何しに来たんすか！」
私：「お前らがちゃんと仕事してるか見に来たんだよ。設備の調子はどうだい？」
A：「設備の方は順調なんすけど、刃具がすぐダメになっちゃって面粗さが悪くなるんですよ。」
私：「ここの設備4台あるけど、被削材はSUS304とSWCH45Kの2種類加工してたよね！　どちらも同じ傾向にあるのかい？」
A：「今はSUS304しかやってないので分らないんですが、粗さが粗くなるんで送りを落として加工してますがあまり変わりはないですね。」
私：「おいおい、そりゃ逆効果になるじゃないかい？　NG品ちょっと見せてくれない。それとプログラムも。」
　　……「やっぱりな！引き目に擦れが出てるね。送りが足りていない状態だよ。プログラムの方も送り0.05㎜/revまで落としてチンタラ加工しているので、発熱による加工硬化が進み悪循環だね。」
　　……「図面上の粗さ規格はいくつになっているの？」
A：「最大高さで12.5sと1部分は25sです。」
私：「切削速度はシャフトだからそんなに上がらないよね。計算上でも130m/min程度になるからそのままにしておいて、送りを0.12㎜/revまで上げて加工してごらん！」

それから2週間後

私：「よっ？　あれから送り変更して加工してみた！」
A：「いいっすね。寿命も延びたし、加工時間も短くなったし、バッチリですよ！」
私：「それはそうなんだけど、肝心な粗さは確保できたの？」
A：「粗さは7〜8sですね。」
私：「そうか。じゃあ、送りを0.15㎜/revまで上げて加工してごらん！」

　これは現実にあったやり取りで、加工現場では何か事が起きると、万能薬のように加工送りを下げる傾向が多々ある。しかし、被削材も人間と同じように十人十色で、何の病気でも風邪薬が効くとは限らないし、人によってはアレルギーを持っているかもしれない。また、ある人は歯痛かもしれない。医者へ行くと、最初に問診票を書くのと同様に、戦う相手の素性や戦法（癖）を知っておくことは、非常に大事であると今更ながら痛感し

た出来事であった。

　SUS304ほどではないものの、銅やアルミにおいても一癖・二癖ある連中であるため、面白い特性を持っている。銅は常温圧着により細かい切り屑が加工した表面に張り付く現象が出たり、アルミはアルミで加工後に事後収縮したりといったことが起こる。興味がある方は、ご自分の五感で実際に感じ取るのが良いかと思われる。

　ここで、五感の話が出てきたので、次の章では「削り屋は五感を使って仕事せよ。」の話を記してみたい。

 材料特性を知り、特性に合った戦略を立てよ。彼を知り己を知れば百戦殆からず。

第8章 削り屋は五感を使って仕事せよ。

> 今は良い計測器があるので悪さの数値化が楽になったが、現場では計測機器なんて常時置いていないよね。人の体は最大高感度のセンサーだというのが以下のお話です。

　五感(ごかん)とは、動物やヒトが外界を感知するための多種類の感覚機能のうち、古来からの分類による5種類、すなわち視覚、聴覚、触覚、味覚、嗅覚をさす。と辞書には書いてある。

　よくある質問として視覚と味覚がある。汎用旋盤と違って現在使用されているCNC旋盤やマシニングセンタでは多量の**クーラント**を塗布するため、加工点が見えない。また、クーラントを舐めてみるといったこともない。

　それでは5つにならないではないかと指摘される。そんなとき、私はこう聞き返している。「見るべき部分は加工点だけなの？　舐めなくても成分が判れば味覚と同じ感覚がわかるかもね！」。

　以下、順を追って観るべき部分を解説する。

〈視覚〉

　加工して状態は見えないが、出てくる切り屑は、チップコンベアの出口で待ち構えていれば確認できる。

　切り屑の色で加工時の発熱状態が想定できる。切り屑の形状（せん断形か流れ形か）やカールの大きさ等でチップブレーカの効き具合などが判断できる。

また、使用済みの刃具の摩耗状態を観察すれば、その摩耗形態から良い悪いの判断ができ、新たな対策案も生まれてくる。

〈聴覚〉

　加工中の音を聞いていると、「キャッ」とか「イヤー」と言っているような犯罪の臭いがする悲鳴が聞こえることがある。または「リンリンリンとかキッキッキッ」といった虫の鳴き声が聞こえることもある。

　上段の、「キャッ」とか「イヤー」の音は隅部の加工をしたときなど急激に刃先付加が大きくなったときなどによく聞く音である。「リンリンリンとかキッキッキッ」の音が聞こえるときは、インサートホルダの突出しが出過ぎて切削抵抗で撓みが生じてビビッている場合や、被削材が高硬度で刃が喰い付かない状態のときによく聞く音である。

　こんな時は、加工面をすぐに確認することをお勧めする。

〈触覚〉

　加工中の設備振動や切り屑を何度か折り返し、その粘さを判断するときなどに良く使う。設備のボディーにそっと手を当てて震えを感じてほしい。

ここで注意しておくが、決して電車やオフィスなどでは間違ってもやらないでほしい。場所と対象物を間違えると犯罪となってしまう。設備に大きな振動があると、この振動は少なからず刃具へ伝わり、更に被削材の加工面に転写される。こうなっている場合は、設備振動対策を先に行う必要がある。

　粘さ加減が判断できると、刃具のチップブレーカで細かい切り屑にした方が良いか、うまくカールさせて、自重で下へ落下させた長めの切り屑にするかの選択ができる。

〈味覚〉

　こちらは、先にも述べたが、設備を舐めたとか刃具を舐めてみたとかいった話は聞かない。ただ、世の中は広いので、「俺は舐めてみたぜ」という方もおられるかもしれない。まあ、舐められそうなものと言ったら切削油剤（クーラント）であるが、これも取扱い説明書またはMSDSを見ると、人体には有害となっており味わうことができない。

　ただ、どの様な成分で出来ているかは、成分表で確認できるし、酸性なのかアルカリ性なのかもPh検査すれば判る。**水溶性クーラント**であれば、焼酎の水割りと同様に糖度計や濃度計で測定して、その濃さがわかる。

　はたまた、クーラントに発生している嫌気菌の数を測定できれば、味見しなくても腐っているか否かの判断ができる。

　この様に、味覚の代用となるものは他にも多々あると思われる。

〈嗅覚〉

　加工の職場に足を踏み入れると、各職場ごとに色んな臭いがする。なぜか「ほっとする」臭いもあれば、「オエッ」となる臭いの職場もある。「オエッ」の原因は味覚のところでも出てきた嫌気菌が増殖し、腐敗臭を発しているもので、こうなると、新しくクーラントを交換しても、2週間で元の状態に戻る。この対策としては、一度クーラントを抜き、水と殺菌剤を入れて1日循環させ、更に設備内をジェットガン等で清掃し、タンクの水を抜いて新しいクーラントを入れる。そうすると、まる2日設備が生産に使用できなくなってしまう。「親分、てぇーへんだ」となってしまう。

上記は実際に刺激として伝わる感覚であるが、その他にも危険な臭いだとか、金になる臭い、人が生きている臭いといったような、感じられる臭いもある。これを嗅ぎ取る嗅覚を養うと、真の悪さが何処にあるか、どうすれば良いかが見えてくるので、バカにしないで自職場、自社の臭いを嗅いでいただきたい。

　臭いが香りに変ったら、それは良い職場・会社であると思います。

　以上のように五感を使って仕事をするのと、ただ釦を押して物を造るのでは、3年後には天と地ほどの能力差となって現われるであろう。ぜひお試しあれ。

 日々の中での五感訓練が必要。意識しないとすぐに感度が鈍る。体が自然と反応するまで鍛えろ。

切り屑を制するものは切削加工を制す

> 皆さんがあまり気にしていない切り屑。これは様々な情報をもたらしてくれる遺伝子みたいなもの。色や長さやカールの仕方でどんな加工環境かが判断できるというのがこの章のお話しです。

今まで、あーだこーだと能書きを述べてきたが、切削における最終決戦は切り屑との戦いではないだろうか？

昔、こんな話を聞いたことがある。「材料（被削材）は全て製品になりたかった。しかし、切り屑は製品になれず捨てられる運命であった。だから、製品になれなかった腹癒せに切り屑は暴れるのだ。」といった話であったように思われる。実際に切り屑はあっちこっちに飛散したり、絡まったりしてくれる。この結果として、2次切削や面粗さの悪化、製品への傷・圧痕、チャック可動部への侵入によるガタまたは不作動の発生と、色々なところでいたずらをしてくれる。よほど不満が溜まっているのか、おへそが曲がっているのかである。まあ、これを書いている当の本人も、社内では相当へそ曲がりと思われているようで、良い勝負ではなかろうか。

さてさて、この暴君だかじゃじゃ馬娘だかわからない切り屑も、へそ曲がり同志対話をしてみると、ちょっとしたことで暴君が名君に、じゃじゃ馬がお姫様に化けることがある。ではどうやって化かすのか？　そう問われるとさも複雑な計算が出てくるように思われるが、そんなものは、研究者の方々にお任せすれば良い。

我々は、前章で出てきた五感情報を最大限に使って、当たり前のことを当たり前にやればよい。

　例として、切り屑の見た目は、幅が広く薄い切り屑が長く伸びている。色は若干黄色身がかってはいるが、発熱による変色は少ない。切り屑を何回も折り曲げてみると、やっと分断される。加工時の切削音は、設備モーター音にかき消され、あまり良く聞こえない。クーラントは異臭なく濃度・Ph ともに問題ない。

　加工後、内径ホルダに切り屑が絡まっている。この様な事象が起きていたとしよう。この5行程度の、3直3現情報が見えれば、じゃじゃ馬娘が何にご立腹なのか判ってくる。

　ここで一工夫、この情報を原理・原則に当てはめて何が言えるのかを列挙する。

　もし迷ったら、素直に原点（最初の現場・現物・現実）に戻るのがよい。

では、原理・原則に当てはめるとどうなるか考えてみたい。

まず、切り屑が薄く幅が広いということは、被削材と刃具が接している切れ刃面積が広いということになる。接している面積を広くするには、切込みを大きくするか、横切れ刃角を大きくするかである。

また、厚さが薄いということは、切込みや横切れ刃に対して、刃物の送りが遅くなっていると予測できる。更に、長く伸びる切り屑が折れにくいといったことより、被削材自体が粘い材料（ローカーボン）の材質であるかと考えらるし、長く伸びるということから、材質の影響もあるが、切削速度が高くチップブレーカに当たっていない可能性もある。切削音は聞き取り辛いということは、**切削抵抗は小さい**（加工負荷は小さい）ものと考えられる。切り屑の色からもクーラントは効いているものと判断できるといったようになる。

ここまでは、まだ想定の域であるので、実際にそうなっているかの検証は必要である。

科学者はなぜ実験するか？　それは、想定を事実に変えるためだと私は思っている。これもまたしかりで、この例の切り屑を造るには、原理・原則から言って、こうなっていなければ造れないと想定しただけで、事実ではない。検証することで事実化することが大事である。

そして、事実が判明したら、その逆となるように変更やら調整等をすればよい。その結果、自分がイメージした切り屑を造り出せるようになったら、仕事も楽しくなるのではないだろうか。

ここで、ご忠告方々、私の失敗談をお話ししよう。

ことわざで、「窮鼠猫を噛む」というのがある。ネコに追い詰められたネズミは、逃げ場がないと悟ると、ネコに立ち向かって噛みつくというものだ。決死の覚悟である。切り屑も短くパラパラのチャーハンのようにしようとして、追い詰めると切り屑に噛みつかれるよという話である。

かれこれ20年も昔の話になるが、被削材は**SPCC**（**冷間圧延鋼板**）の絞り品をCNC旋盤に取り付けて旋削した時の切り屑処理の失敗である。

加工条件は、V_c = 180 m/min、a_p = 2 mm、f_n = 0.25 mm/rev　連続加工である。すでにご推察の方もおられるだろうが、この冷間圧延鋼板という材料は塑性変形し易い、言い換えれば非常に延性が高く粘っこい材料と言える。よって、通常の粗・中引き用のチップブレーカでは、ブレーカに当たってもなかなかうまくカールして短く切れてくれない。いろいろ試してみたが、P20相当超硬＋CVDコーティングでヒットするインサートチップが出てこない。切削速度をV_c = 150 m/minまで落とせば、使用可能なものはあるが、今度は加工サイクルタイムが入ってこない。そんなもんもんとした日々が1年ほど続き、ついにプッチンした私は「てめーたちゃ人間じゃね～、ぶった斬ったる」と心で思いながら、用意したのが中・仕上げ用の昔からあるゼブラブレーカ＋ニック付き。見るからに「キッツー！」というようなブレーカ形状のものである。

チップブレーカ

P20相当超硬＋CVDコーティング

これで加工を始めたら、なんと切り屑が鋳物の材料を削ったごとくパラパラと出てくるではないか。「やったじゃん」私も相棒も、出てくる切り屑をみながらニヤ！　ところが、切削の神様はそんな甘くはなかった。ちょうど100個ほど加工した頃であろうか、今まで、パラパラになっていた切り屑が急に長く伸びた切り屑に変化した。

「えっ、どないしたん」とインサートチップを外してみると、見事、チップブレーカ（上記写真の○部）の山の部分がそっくり無くなっているではないか。繰り返し襲い来る強靭な切り屑を受け止めるときの発熱と擦れにより、山が浸食されたのである。通常であれば切れ刃の摩耗が先に出るのではと思うが、よほど当たりが強いのか、見事というよりしかたない状態であった。ぬか喜びもいいところで、これでは量産に使えない。失敗である。

失敗ではあるが、切削の神様は意地悪ではないようで、今回は当たりが強過ぎたが、当たりが軽減できる中間のブレーカならカールして長さ100～200 mm程度になるのではないかというヒントと新たなやる気も与えてく

れた。この結果は書き記すまでもない。

　きっと、この材料はパラパラの切り屑ではなく、綺麗なカールしたスタイルのいい切り屑になりたかったのですね。それを私が我を通して切り屑に耳を傾けなかったので、切削の神様が頭を小突いたのではないでしょうか。
　過ぎたるは及ばざるが如し、窮鼠猫を噛むのお話しでした。

切り屑や刃具の磨耗は貴重な情報源。まずは見(視)ること、そして観(診)ること、更に看ること。

考えることを忘れたら明日はない、
先を読め

　私はパチンコをやり始めた頃、よく夢の中にパチンコ台が出てきて大当たりしたなんてことがある。

　CNC旋盤をやり始めた頃にも、夢にプログラムが出てきて、何度直しても元に戻ってしまい、ハッと気づくと夢だったなんてことがある。そして、そのまま飛び起きて夜中に会社に行きプログラムを修正して確認し、やっぱりこれで良かったのだと安心して帰ったこともある。今なら上司に無断でとか、残業がどうのとか色々厄介なことが起こるが、当時は比較的緩く咎められることもなかった。

　サラリーマンであるから、時間から時間で仕事は終わるのであるが、問題意識は常に心の片隅にでも置いておかないと、チャンスの神様の前髪は掴めない。

　更に欲をいうと、先々世の中はこう変わっていくだろうと予測できれば、今なにをやるべきかが決まり、あるべき姿への問題意識も強くなるだろう。

　この歳になると、さすがにパチンコ台やプログラムは夢に出てこないけどね。

第10章 職人は見えないところで一工夫

> 同じ加工をしていて、あの人が加工したものと自分の加工したものでは、何か違うなんてことあるよね。知って得する、ちょっとした工夫で同じ加工が見違えるようになる職人の一手。

　よく耳にする質問であるのが、「山下さんのやった仕事はどこを見れば解るのですか」という質問です。そんな時、私はこう答えることにしている。「そうだね、俺は仕事が嫌いだから、あたり前のことしかやっていないので何とも言えないな」と返答する。すごく無責任な回答であるように思えるだろう。言ってる本人もそう思う。

　だが、この2つの言葉にはは深い意味がある。まず最初の「仕事が嫌いだから」という言葉の裏には、根っからの怠け者ではなく、ムダな仕事が嫌いということである。抜けバリが立っていたり、切り屑処理が悪くて製品に傷を付けて**オシャカ**をたくさん造ってしまったりといったムダな手直しや造り直しのムダな仕事が嫌いと言っているのである。

　例えば、右の図のような丸棒の外径を点線の径まで加工しようとしたとき、皆さんはどのように加工するであろうか。依頼者の要件として、被削材両端面のコーナー部はC1.0の面取りをしてほしいとの要望。お金がないので、手持ちのインサートチップ3種の中から選定して、インサートチップのホルダーは購入可とする。将来的に量産しなければならないので、加工時間は最短でやってほしい等のむちゃ振り要件がある。

　一般的加工としては、このようになるかと考える。

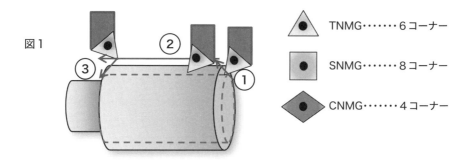

図1

TNMG……6コーナー
SNMG……8コーナー
CNMG……4コーナー

　この加工方法だと勝手ちがいの2本のホルダーが必要となる。依頼者の要件は加工時間は最短ということであるため、まだ意に沿わないものが残る。それでは、我々みたいな切削加工のおじさん達はどうするのか？
　このような刃具の使い方をする場合もある。既に正方形の刃具を勝手なしホルダーに取り付けて使用することで面取りは上下または左右の位置調整だけとなり、ノーズRの両側を使用することで、刃具摩耗の軽減を図り寿命を確保する。また、コーナー数も8コーナー使用できるため、コストメリットも高くなる。1本のホルダーで加工可能。

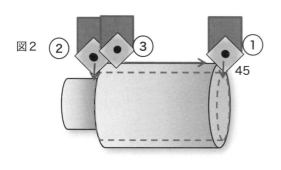

図2

　たかが刃具選定であるが、何を選んで、どう使用するかによって、加工時間も掛かる費用も年間にすると大きく変わってくる。では、毎回こんなことを考えながらやっているかというと、実際何も考えていない。依頼者の要件を聞いて、そのイメージに一番近い組み合わせを選択しているだけで、長年やってきたおじさん達にはあたり前のことをあたり前にやっているだけのことです。そして、出来上がった製品をいくら眺めても図1と図2で加工方法は違えども出来映えは一緒ですので、いくら製品を見ても違いは解りません。実際の加工が見えれば解りやすいのでしょうが、こちら

も切削液（クーラント）がジャバジャバと掛かりますので、加工動作はよく見えないのが実情です。残るは、加工プログラムと簡単な図を描いて前ページの図のように矢印を入れてやれば、どんなことをやっているかは解ると思われる。

　さて、ここで皆さんに質問です。図2では、先に両側の面取りを先に行っています。なぜでしょう？　回答は**抜けバリ**、**立バリ**対策です。お疑いの方は是非実際に試していただきたい。こんなちょっとした工夫が後々、大きな差となって現れてくる。ただ、見えないし、やっている我々は評価してもらおうなんて気はさらさらないし、そもそも、当たり前のことをやっているという感覚しかないのだから、始末に悪い。

世の中、マニュアル化だの標準化だのと何かと書面化したがるが、扱う人の感性によるところも多々あり、その場の状況や依頼要件等によって、その組み合わせも様々であることから、マニュアル化してあれば誰でも出来るといったものではない。ましては、ど素人が評価できるような見てすぐに解るものでもないと考える。もし評価できるとすれば、同レベルかそれ以上の場数を踏んだ職人と呼ばれる人達、であれば「こやつ、中々出来るな！」とニヤッと笑うところかと思う。……職人の腕を甘く見たらいかんぜよ。

ここがポイント
パラダイム（思い込み）を捨てよ。外径を引いてから面取りせよなんて誰が決めた？　面取りしてから引くのだってありじゃね？

第11章 切削に「より良い」はあるが、「これで良い」（完璧）はない

> 世の中、日々進化しており、新しいものが続々進出する。ただ、これがあれば万能だというものはない。皆さんの切削に向き合う姿勢はどうかな？　私はこう思ってます。

「より良い、これで良い」並べて言うとどちらも同じように聴こえるが、私にとっては、雲泥の差がある言葉である。より良いには、今日より明日、更にその先へと冒険の旅立ちのような感覚があるのに対し、これで良いには、その歩みを止め、自分の中で終止符を打っているように感じる。仕事でも遊びでも、モットモットのワクワクドキドキがあるから面白いのであって、「こんなものさ」と自分の中で結論付けたら何の面白味もないのと同じででないか。

さて、講釈はさておき、時代の流れと技術の進化はたいしたもので、昔は邪道とされていた加工方法も、刃具や設備の進化に伴い、新しい使い方、正道として使われていることがある。

これは、先人達がもっと良いもの、良い使い方等々を己の技に溺れることなく、追求した結果ではないだろうか？　今後、更に様々な分野で技術革新は進んで行くだろう。それを、どう使い熟していけるかは、「より良い」を常に念頭に置いて豊かな感性を働かせ、モットモットのワクワクドキドキで、果敢にチャレンジしてみることが必要と考える。

そして多分、こんなチャレンジを繰り返す中に「ヨッシャー！」と声を発する場面が出てくるであろう。

これが、モットモットのワクワクドキドキの始まりであり、このモットモットのワクワクドキドキこそ「より良い」の扉の鍵だと私は思っています。また、この気持ちが失せたときがこの世界から足を洗う時（これで良い）であるとも思っております。そう、モットモットのワクワクドキドキの鍵、まだ私持ってます。

　……いっそのこと、死ぬまでにソロモン理論の実証見たいな〜。でも文献をみるとなさそうだね。

　ただ、実経験としてハイスのホブと超硬のホブでハイスホブの切削速度では超硬ホブは欠損してしまう。その後、超硬ホブの切削速度をどんどん上げて行くと、ある領域から欠損しないで良好に加工できる領域が現れ、更に上げて行くと欠損する領域がまた現れるといった現象が見られた。もしかすると切削の世界もパラレルワールドみたいな世界があるかも知れないね。

これで完璧だと思ったら切削の世界から足を洗え。より良いはあっても、これで完璧はない。常により良いを探せ。

自分の道は自分で決めるのがだいじ

　私はプロフィールにも記したが、27歳までに様々な職業に転職している。妻にも全貌は詳しく話していない。

　こんな私の過去も問わず結婚してくれた妻には、今も心より感謝している。「ありがとう」。

　さて、世の中そうそう旨い話はないのが現実である。当時は若気の至りともいうべきか、怖いものがなく、なんでも出来るような気がしていた。然るに、周りの人達の中には旨そうな話をまことしやかに囁く人もいた。

　そんな口車に乗ってしまいずるずると商売を始め、失敗したこともある。人間とは勝手なもので、上手く行っているときは自分は偉いと思い、ジリ貧になったときはあいつが悪いと他人のせいにしたがる。

　そして後悔する。当時、私もその一人であった。そんなモヤモヤからの結論は、自分で決めないから流される。

　自分で真実が見えないから流される。もしそこで、1本の杭が打てたなら流されることはないではないか。

　万一その杭が折れたときは、杭を打った己の力量がなかったと他人を恨むことはない。

次からはもっと太い杭を打ち込めば良いと思った。そこで出てきたのが「自分の道は自分で決めるのがだいじ」である。
　たまに若い人達の転職相談を受けることがある。そのときに聞くのが、次の転職先の情報をどれだけ調べたか、本当にその仕事が自分はやりたいのか、最後に自分で決めたか、である。
　近年は転職のスタイルも変わってきて、今の仕事は好きだが、人間関係が上手く行かず、心を病んで転職するケースが多い。職場が生きていないんだね。嘆かわしい世の中になったもんだね。自分で決める以前に窒息死しそうなので他へ移らざるを得ないのが実情なんだよね。

第12章 薄くて高い壁は倒れ易い

> 薄肉の加工、皆さんも悩まされた経験はないでしょうか。恋愛小説みたいに追いかけると逃げる、こちらが引けば寄ってくると誠に厄介なものだ。そんなときどうする？の一例が次ぎのお話しです。

皆さんは下の図のような加工経験をしたことがないだろうか。厚さ4㎜のお椀形状の品物（被削材）の赤点部分を ①・②の順に切削し、加工長さ8㎜、厚さ0.6㎜まで削り込む。このとき、加工後の内径寸法公差は±0.05以下とする。

加工としては単純な加工であるが、実際にはこの公差は非常に厳しい公差となる。どうなるかというと、以下の通りである。

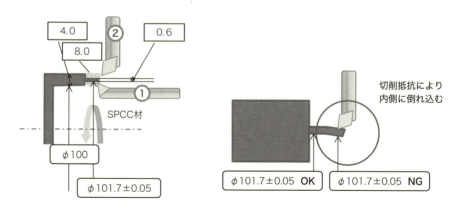

また、厚さも刃具の入り口は太く、中間程度まで徐々に細くなり、それ

を過ぎると正規寸法に入る形状となる。

　どうしてこの様になるのか考えてみると、切削するには必ず**切削抵抗**が発生する。切削抵抗は以下の図に示すように、3つの分力の合力で成り立っている。

　お互いの力関係が同じであれば刃具も被削材も動かない。ところが、上記の場合、肉が薄くなるに連れてこの均衡が保てなくなり、被削材が刃具を押し返す力（背分力）が弱くなって、刃具に押し込まれたものと考える。

③ 切削抵抗の計算式（簡略式）
$$F = ks \times d \times f$$

F：切削抵抗（kgf/mm²）
ks：比切削抵抗（kgf/mm²）
d：切込み（mm）
f：送り（mm/rev）

ksの値

被削材	ks
炭素鋼	250～450
合金鋼	250～450
鋳　鉄	150～300

被削材材質	引張り強さ (kg/mm²) 及び硬さ	各送りに対する比切削抵抗 Ks(kg/mm²)				
		0.1 (mm/rev)	0.2 (mm/rev)	0.3 (mm/rev)	0.4 (mm/rev)	0.6 (mm/rev)
軟　　鋼	52	361	310	272	250	228
中　　鋼	62	308	270	257	245	230
硬　　鋼	72	450	360	325	293	264
工 具 鋼	67	304	280	263	250	240
工 具 鋼	77	315	285	262	245	234
クロムマンガン鋼	77	383	325	290	265	240
クロムマンガン鋼	63	451	390	324	290	263
クロムモリブデン鋼	73	450	390	340	325	285
クロムモリブデン鋼	60	361	320	288	270	250
ニッケルクロムモリブデン鋼	90	307	265	235	220	198
ニッケルクロムモリブデン鋼	HB352	331	290	258	240	220
硬 質 鋳 鉄	HRc46	319	280	260	245	227
ミーハナイト鋳鉄	36	230	193	173	160	145
ネズミ鋳鉄	HB200	211	180	160	140	133

では、押し込まれないようにするにはどうしたら良いのだろうか？

こう言われると構えてしまうが、恐れることはない。ヒントは削った品物にあるではないか！

ここで、元に戻って加工したときの図を眺めてみよう。

「厚さも刃具の入り口は太く、中間程度まで徐々に細くなり、それを過ぎると正規寸法に入る形状となる。」となっています。ということは、根元に近くなる（この場合は切り終り約4㎜の間）は切削抵抗に負けないで均衡が保てている状態と言い換えられる。

ということは、薄く高い壁にしないで、薄くとも低い壁を造り、その下に同様の壁を造って行けばよい。

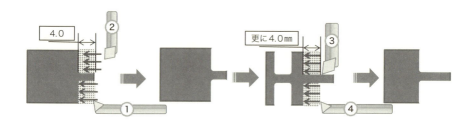

また応用編としては、日本建築のように筋交いを造りながら加工する方法もある。

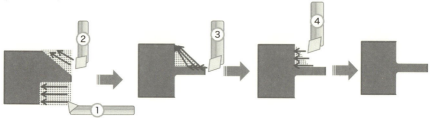

いずれも、砂場の棒倒し遊びの方法と類似している。そう、既に子供の頃の遊びで経験していることなのである。

まだまだ、様々なやり方があると思うが、薄物加工の怖さを充分理解していただき、薄物の倒れやすさ攻略を編み出していただきたい。

物事は知識だけあっても役に立たないことは多々あります。知識（体験も含め）を知恵に変えたとき新たな道は開けるのではないでしょうか。

 薄物加工はスプリングバックに注意。倒れる（逃げる）ことを先に想定して加工方法を工夫せよ。

第13章 たかが水されど水

> 皆さんは加工するとき刃先にクーラントを塗布しているかと思う。これは何のために行っているか知ってますか。ここではこれらの重要な役割を再認識していこう。

　旋削・転削・研削にかかわらず、多かれ少なかれ**水溶性・不水溶性・MQL**等の**クーラント**と呼ばれている液またはミストを塗布しながら加工していると思われる。中にはドライや窒素ガスを加工域に満たして加工するといったものもある。**切削油剤**と呼んでいただけるとまだ良いのであるが、クーラントと呼んでしまうとどうしても**冷却液**をイメージしてしまう。実際には、役割として、確かに冷却はあるのだが、他にも**潤滑**作用や切り屑の排除、**防錆**等の役割も担っている。ドラマでいうところの主演を盛り上げる名脇役となる。

　今回、話に出てくるのは、名だたる脇役の中でも私たちに馴染みのある**水溶性切削油剤**、水に油剤を溶かして使用するタイプのお話です。

　本題に入る前に、知らなかった方のために予備知識を確認しておこう。

　安易に水溶性切削油剤といっても、大きく分けて3つに分かれる。昔はタイプで区分けしていたので、**エマルジョン・ソリュブル・ソリューション**の名前で呼ばれていた。いつの頃からかJISの規格が変更となり現在ではＡ１種・Ａ２種・Ａ３種という言い方に変わった。Ａ１種がタイプでいうエマルジョンに該当する。各特色と特性は以下の表を参照願いたい。

● 水溶性切削油剤の種類

A1種	鉱油や脂肪油など、水に溶けない成分と界面活性剤からなり、水に加えて希釈すると外観が乳白色になるもの
A2種	界面活性剤など水に溶ける成分単独、または水に溶ける成分と鉱油や脂肪油など水に溶けない成分からなり、水に加えて希釈すると外観が半透明ないし透明になるもの
A3種	水に溶ける成分からなり、水に加えて希釈すると外観が透明になるもの

● 水溶性切削油剤タイプ別の特性

	エマルション	ソリュブル	ソリューション
潤滑性	◎	○	△
冷却性	○	◎	◎
浸透性・洗浄性	○	◎	△
耐腐敗性	△	○	◎
耐腐敗性	○	△	◎
他油分離性	△	△	◎
耐汚れ付着性	△	◎	◎

　さて、基礎知識を共有したところで本題に入ろう。

　季節は11月の中ごろであったと記憶している今は昔のことである。夜8時頃であっただろうか。アルミ部品を切削加工している職場の主任さんがふと私のところへやってきて、「外径加工しているが、加工中に外径が小さくなり、補正すると大きくなるんだけど何が悪いか見て欲しい。」といった内容であったと記憶している。通常であれば、外径が小さくなるということは刃先が深く内側に入っている状態または刃先に構成刃先が発生し、構成刃先で加工している状態と考えられる。しかし、設備の繰り返し位置決め精度は4μm程度、バックラッシュも2μmあるかないかであった。また、刃先を見ても構成刃先の傾向は認められず。しかし、寸法は15μmほど変化する。はてさて何が起こっているのであろう。私の頭の周りに？？？？？が沢山発生していた。

　こんな時は頭だけで考えても結論はでない。どんな時にどの様にこの現象が出るのか、自分の目で確認するのが手っ取り早いと考え、加工現場の片隅より設備と睨めっこをはじめた。睨めっこを始めて1時間ほど過ぎた

ころ、排出コンベアー上の被削材がフルワークとなり、設備が停止した。2～3分してオペレーターがやってきてコンベアー上の品物を払い出し、設備を再起動するまでに約10分。初品の1個を寸法検査して一言、「径小になってます」。寸法補正を入れて初品・2個目と測定し、また一言、「今度は大きくなってる」。私も心の中で「出たな妖怪待ってたホイ」。確かにオペレータは間違った行動は取っていない。

では、この20分程度の時間の間に何があったか整理してみよう。
①フルワークになって設備が停止した。約10分間。
②設備再起動を行い外径寸法を測定したら径小になっていた。
③径小分を磨耗OFF SETにより調整（ツール位置を＋X方向にシフト）
④2個目の外径寸法を測定したら、今度は径大になった。
その他、設備が停止する前は加工寸法の精度は安定していた。

このことより、寸法変化の引き金となっているのは設備が停止した後。寸法の変化は初品ではなく2個目から3個目。ということは、初品と2個目以降にはどの様な変化点があったのだろうか？

①から④を何度か行った結果、初品は加工時のクーラントの吐出が遅れて出てくることがわかったが、それ以外に大きな変化点はなかった。2個目以降はクーラントは出しっぱなしなので、遅れることはない。この違いだけで10μmも寸法が変化するとは考えにくい。

益々、？？？？？？？？？？？マーク増殖。

そこで、オペレーターにこの現象が出始めたのは何時ごろからか聞いたところ、「先週あたりから」という話を入手した。さらに、発生前に部品や刃具・ベルトまたは油やクーラントの交換等の変化点はなかったか質問した。そしたら、思わぬ回答が返ってきた。「そう言えば、先週油脂メーカーが来て新製品クーラントに交換しましたよ」とのこと。

えっ！！！！！！もしかして私はとんでもない間違いをしていたのではないか？　咄嗟に聞き返した。「濃度は何％にした？」「3％で大丈夫とのことだったので、3％にしてあります」とオペレーター。

通常、ボールネジは加工し始めて最大でも45分で熱変位は飽和する。し

かし、濃度が低い（水に近い）と冷却性が高くなるので、常時冷やされていると収縮している状態で使っていることになる。ここに設備停止が入ると常温になるため、刃先は伸び方向に膨張する。必然的に初品は径が小さくなるが、2個目以降は常時クーラントは掛かっているため、直ぐにもとの収縮状態にもどるので、＋X側に調整した磨耗 OFF SET 分外径は大きくなる。ストーリーとしては成り立つが10分～20分程度でこれほど変化するものなのか信じがたい。だが、この現象が発生した時期とクーラント交換の時期が同期している事実もあり、クーラント濃度を変化させて同様の設備停止を故意に設定して変化を確認することにした。

　通常、水溶性クーラント濃度は鉄系材料であれば5～10％程度の希釈率であるが、アルミ系の場合は潤滑性を重視するため8～13％程度と鉄系より若干高めで使用するのが一般的と聞いている。

　そこで、現状の3％から8％になるよう原液を加え攪拌して調整し、寸法が変化するかを確認した。その結果、何度やっても寸法変化は認められず、そのままズルズルと朝まで生産を続けたが症状は出なかった。その後、この現象はすっかり姿を消し、話題にのぼることもなかった。

　まさかとは思ったが、これほどクーラントの濃度が寸法変化に起因するとは思ってもいなかった。

　まさに、たかが水されど水である。

　この逆のパターンもある。SCM420（クロムモリブデン鋼）の加工例で、下の略図のようにCNC旋盤による孔空けと旋削の組み合わせ加工である。

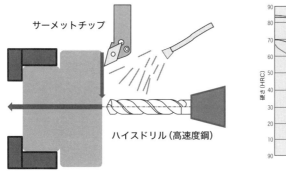

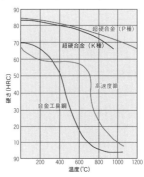

現象としては、ドリルのデットセンターの熱磨耗（下図黒丸部）が激しく、そのまま使用すると欠損する症状が発生。

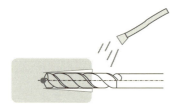

〈状況考察〉
刃先先端部までクーラントが届いておらず、刃先温度が摩擦熱により600℃以上上がってドリルの硬度低下をおこし、切削抵抗に負けて欠損に至ったものと推測。
クーラントはエマルジョンタイプ（A1種）。濃度8.5％。
ドリル加工には濃度が高く、浸透性が悪化しているものと考えられる。

　確認テストとして、クーラント濃度8.5％から3％に変更。結果ドリルの寿命アップと欠損は回避できた。しかし、ここで新たな事象が発生。クーラントの濃度を3％にしたことで、冷却効果が上がり、端面加工用のサーメットチップがヒートクラックにより欠損するという事態が頻発。あちらを立てれば、こちらが立たずとは因果なものである。
　暫定対策として、端面はドライ加工・ドリル孔空け加工はクーラント仕様として生産し、その後端面は超硬コーティングのインサートチップに変更して生産している。
　このように濃度一つ取っても変化するし、クーラントの量や塗布する方向によっても加工性は変わってくる。
　たかが水と侮ると痛い目に合うことになるので、日々の濃度管理・Ph（ペーハー）管理は大切であると今でも感じている。

 クーラントは名脇役。腐らしたら名演技はできない。日々の管理が重要。

喧嘩は修羅場を潜り抜けて来たやつが一番強い

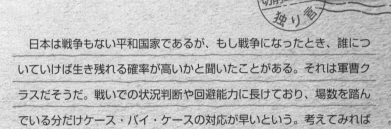

　日本は戦争もない平和国家であるが、もし戦争になったとき、誰についていけば生き残れる確率が高いかと聞いたことがある。それは軍曹クラスだそうだ。戦いでの状況判断や回避能力に長けており、場数を踏んでいる分だけケース・バイ・ケースの対応が早いという。考えてみれば確かにその通りである。

　切削の世界もしかりで、一通りの教育は受け、本人も自信満々であるが、いざ実践してみるとイレギュラーな場面に出くわす。そのとき、殆んどの人が頭の中が真っ白になって固まる。なぜか？　それは１＋１＝２しか教えていないから、１＋１＝１０になったときにその原因が自分の容量外になるからだ。

　よく言われるのが「山下さん、なぜそうなると予測できるんですか？」その回答は「同じ失敗を皆さんより多くしているので」と答える。ドクターＸなら「私、失敗しないので」となるのだろうか。我人生は失敗の上に成り立っているとも言える。だから、ちょっとのことでは驚かない。何か欠けている、足らないまたは多いといったことが絡んでいる。逆にそれは何か知りたくてワクワクする。そんな私は変態ですかね。

第14章

抜けバリは角に出る。
角をたてると腹も立つ。

> よく図面を見ると「バリなきこと」なんて曖昧な注記がある。全くいいかげんな注記だと思いつつ、厳密にはバリは出るが、極力小さくする方法はあるので、そんなときの一工夫を書いてみた。

　皆さんは、「**断続加工**」とか「**抜けバリ**」と言った言葉を耳にすることはないだろうか？

　断続加工・断続切削とは、刃物への負荷が連続的に掛かるのが**連続切削**、断続的に掛かるのが断続切削となる。書いて字の如しではあるが、あまり実感が湧かない。では下図のような経験をしたことはないだろうか？

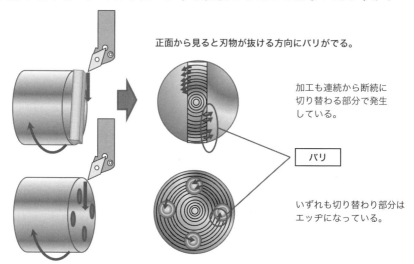

正面から見ると刃物が抜ける方向にバリがでる。

加工も連続から断続に切り替わる部分で発生している。

バリ

いずれも切り替わり部分はエッヂになっている。

バリ発生のイメージ図

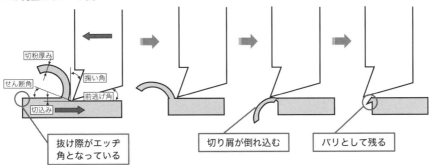

※角が立つと腹が立つ、腹も立つがバリもたつ。少しは人間丸さが必要。

では、このバリを極力少なくするにはどうしたら良いのだろうか？

あえてバリゼロと書かないのは、多かれ少なかれ切削抵抗はゼロではないため、薄くなった壁はちょっとした抵抗で倒れるからである。

しかし、ちょっとした工夫でバリを極力少なくすることはできる。もうお気づきと思うが、角を立てるから腹が立つしバリもたつのであれば、角を立てなければ良い。要するに、抜け際にあらかじめC面やRを付けておく。こうすることで「第12章　薄くて高い壁は倒れ易い」で行ったことの応用編である壁の高さを徐々に低くしていく加工方法が成り立つ。

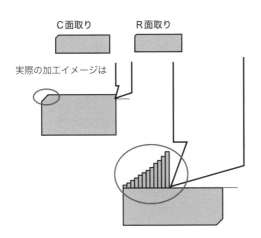

壁の高さが徐々に低くなるため薄い切り屑でも高さが低いため、倒れにくくなることより、抜けバリは少なくなる。
切削前の被削材は、鍛造品や圧造品、ダイカスト品等の金型による加工品が多くなっている。こうした型にあらかじめC・R等の面付けを盛り込んでおけば、切削加工後のバリ取りは軽減できるものと考える。よって、切削だけでなく塑性加工とのコラボレーションも大事である。視野を広く持ち、角をたてず、腹立てず、バリたてずに、より良い加工をしたいものです。

しかしながら、長い人生の中には角が立つこともままある。そんなときはどう修復していけば良いのだろう。完全に修復出来ないまでも、和らげることはできないだろうか？　そんなことを思いつつバリさんを眺めていると、同じ方向に出て、角との根元で繋がっている。

繋がっている部分はごく僅かである。この接続部を逆方向から折り曲げてやればバリが折れるのではないかと考えた。

ただ、逆方向から引くとその分加工時間が延びてしまうのは事実である。そこで、生産現場へ行き、状況を確認した。やはり数人が手作業でバリ取り作業をしている。工数も掛かって大変だとのこと。

それならば、と逆勝手のホルダーを用意し、生産が休みの日を狙って逆回転トライ開始。バリを切るといった加工ではなく、バリをさらうイメージの切り方ではあるが、これが意外とうまくはまり問題ないレベルまで抑えることができた。当然のことながら、バリ取り工程はなくなった。

ただし、完全にバリが無くなったわけではなく、厳密に言えば極力小さくなった（図面規格以下）ということである。

この方法は現在でも他製品加工に応用されている。

 抜けバリは角に出る。角を造らないように前加工で処理が賢明。厳密にはバリは出る。いかに小さくするかがポイント。

無から有を生み出せる、
夢を現実にできるのが人間

　私が子供のころのアニメといえば鉄腕アトムや鉄人28号である。当時は夢の世界であった。

　今では、ペッパー君やアシモ君のようなロボットが実際に登場している。

　素晴らしいことだと思うとともに、ここまで来るのにどれだけの月日があったか、そして、夢をあきらめないで開発してきた人々に頭が下がる思いである。切削の世界も日々進化しているが、どこかの章でも述べたが「より良い」はあっても「これで良い」はないので、まだまだ夢のある世界だと思っている。

　例えば、品物を溶かしながら削る。名づけて「溶削」なんてのも面白いかな。そのためには靭性のある掬いの付いたセラミックスの開発なんかも必要かな？　または寿命が来たら色が変わる刃具とか臭いで加工状態が分かる刃物なんてのも面白いよね。まだまだ出来そうなことがあるよね。

　そういえば昔アメリカへ出張したとき、スーパーでストロベリー味とかバナナ味のコンドームが売ってたけど、あれは誰がどう使うのかな？

　今でも悩むところです。

第15章 面粗さ、理論と実際は倍違う。理論値をそのまま使うな！

加工条件を設定するとき、送りを算出するのに理論粗さの計算式を使用する。でも、知ってるからって、そのまま使うと痛い目に合うのがこいつだ。

さて、ここでお話しするのは、**加工面の粗さ**の話である。加工図面を眺めていると、下の図面の一部にあるとおり、白三角に引き出し線が付き、その下に $Rz12.5$ なる数値がある。これは**最大高さ**という測定方法で測った値が $12.5μ$ 以下にして欲しいという指示である。

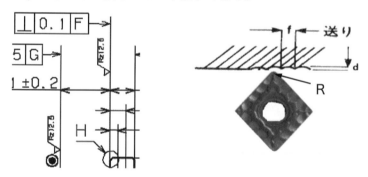

右の写真でみると、引き目が波状になる。この〜の山と谷の最大値を合計した値が $12.5μm$ 以下になるようにするのが、最大高さの粗さ測定方法となる。それ以外の粗さ表示では以下のような表示がある。

Ra ：算術平均粗さ　ISO標準図面は通常 Ra 表記

RzJIS：十点平均粗さ　研削の粗さ評価はこちら

　　　（最大高さではスクラッチ傷を拾ってしまうため）

余談になるが、この粗さ記号の歴史をたどると、今でこそ$Ra6.3$だとか$Rz12.5$などの数値が付加されているが、昔は▽記号だけであった。よって、出てくる言葉は▽▽は2仕上げ、▽▽▽は3仕上げといった言葉であったため、はじめは何のことやらさっぱり解らず戸惑ったことを思い出す。
　そんな思いからちょっと調べてみたのが下の資料

新JISでの表面粗さ記号

表面粗さは、「▽三角記号」から数値で規定できるように改正されました。
三角記号から2度の改正により、現在の記号が利用されています。
▽三角記号　→　旧JIS記号　→　新JIS記号 8.5%

■(参考) Ra, Ry, Rz と従来の三角記号の数との関係

旧JIS

中心線平均粗さ Ra	最大高さ Ry	十点平均粗さ Rz	従来の三角記号	面肌の図示
0.013a 0.025a 0.05a 0.10a 0.20a	0.05S 0.1S 0.2S 0.4S 0.8S	0.05Z 0.1Z 0.2Z 0.4Z 0.8Z	▽▽▽▽	0.013/ ～ 0.2/
0.40a 0.80a 1.6a	1.6S 3.2S 6.3S	1.6Z 3.2Z 6.3Z	▽▽▽	0.4/ ～ 1.6/
3.2a 6.3a	12.5S 25S	12.5Z 25Z	▽▽	3.2/ ～ 6.3/
12.5a 25a	50S 100S	50Z 100Z	▽	12.5/ ～ 25/
50a 100a	200S 400S	200Z 400Z		50/ ～ 100/

呼び名称も変わっている。

新JIS

(三角記号)	算術平均粗さ(Ra)		最大高さ(Rz)		十点平均粗さ($RzJIS$)	
▽▽▽▽	0.025 0.05 0.1 0.2	0.25	0.1 0.2 0.4 0.8	0.25	0.1 0.2 0.4 0.8	0.25
▽▽▽	0.4 0.8 1.6	0.8	1.6 3.2 6.3	0.8	1.6 3.2 6.3	0.8
▽▽	3.2 6.3	2.5	12.5 25	2.5	12.5 25	2.5
▽	12.5 25	2.5	50 100	8	50 100	8

このように粗さ表記は切削の歴史の中で姿を変えてきている。

ここで、皆さんは、「理論粗さの計算式」なるものを見聞きしたことはないだろうか。

これは大変便利な計算式で切削における切削面の粗さは、刃先のノーズRと1回転あたりの送り量から成り立つという理論である。何に使用するかというと、図面指示の最大高さの粗さ（Rz）と選定した刃具のノーズRをもとに、1回転あたりの送り量をどのくらいにすればよいかを逆算するときによく用いる式です。

基本式は以下の通りです。

$$Rz = \frac{f^2}{8R} \times 1000$$

Rz ＝面粗さ（μm）
f ＝送り量（mm/rev）
R ＝ノーズR（mm）

大変便利な式ですが、ここには2つの落とし穴が仕掛けられています。鵜呑みにして使用すると自分の首を絞める結果となりますので、ご注意いただければと思います。

まず第1の落とし穴は、この式自体です。呼び名のとおりあくまでも理論です。世の中と同じに現実はそんなに甘くない。

粗さに大きく起因する因子は送りとノーズRであるが、その他にも設備剛性・振動・刃具の撓み・熱膨張・磨耗等々様々な因子が絡み合いながらちょっかいを出してくるので、算出された1回転あたりの送り量をそのまま使用すると、粗さは1.7～2.0倍程度まで跳ね上がる。よってご使用の際は算出された1回転あたりの送り量の半分の送りで設定してやるとほぼ図面規定の8割程度の粗さに収まる。これは目安であるため、実際には現物を測定して送りの微調整は必要と考える。

次に第2の落とし穴はというと、旧JISで描かれた図面粗さである場合、粗さ指示の数値は上記例で見ると6.3のみである。新JISではRa6.3と表示されているので、算術平均粗さであることが判る。もうお分かりかと思う

が、旧JISでは指示なき粗さ表示はRa（算術平均粗さ）で表示されている。しかし、理論粗さの計算式はRz（最大高さ粗さ）で成り立っているため、RaをRzに換算して使用しなければならない。Raの約4倍がRzになっているので、Ra表記の場合は4倍して使用してほしい。

　この落とし穴に落ちた経験者が語るので、心の隅にでも記憶しておいてほしい。

理論粗さの計算式から送りFを逆算したときは、係数として0.5～0.7程度を掛けて使用してね。RaとRzの表記の違い、間違うなよ。

第16章 何とかと刃物は使いよう、刃具選定理由を明確にせよ。

> 刃物使いの上手い下手。頭の中では色々考えているものです。刃物1つ選ぶのにも単純に見た目で選んでいるわけではない。総合的な判断から決まってきているといった話がこれ。

　悪く言えば馬鹿と刃物は使いよう。良く言えば適材適所となるのだろうか。昔の人はよくいったもので、刃具の設定において、被削材の3倍以上の硬度があれば、加工できないわけではない。
　しかし、使いようによっては雲泥の差となって良し悪しが変化する。
　良し悪しとは、刃具コストであったり、加工精度であったり、粗さであったり、はたまた加工時間であったりと様々である。
　過去にこんなことがあった。ある生産技術担当より新規立上げ製品の部品加工をするため、加工設備の選定を依頼されたことがあった。
　私は図面と試作された部品を見て、思わずいつもの悪い癖が出てしまった。

私：「これ加工出来ても、量産出来ないよ！」
担当者：「試作では出来てるのに、なぜ出来ないのですか？」
私：「加工出来ないとは言ってないだろ。試作に要する時間と金を掛ければ出来るけど、それでは売価割れしてしまうから量産はできないと言っているんだよ。公差見直してよ！」

　後日の話ですが、この担当者、試作業者からも「うちもこれで食ってる

から、何とか造るけど、これどうやって生産するの？」と言われたそうです。真円度・同軸度・直角度ともに厳しい公差で、雁字搦め状態。被削材は薄肉絞り品でしたので、それを満足させるために、特殊な治具に取り付け、芯出しをしてから加工していたとのことで、段取り調整に1時間かかって、1個1個加工していた。

　試作はこれで成立するが量産はそう言うわけにはいかず、刃具コストや加工時間を全く無視した論議である。

　では量産できなかったのか？　いえ量産しましたよ。もちろん公差緩和はしていただいたのですが、真円度を確保するために特殊コレットにし、同軸を出すために1チャック加工化、直角度を出すために着座センサーを取り付け、加工負荷を軽減するためにG級刃具の適用等を駆使し、尚且つ加工条件を変更し、規格コストの加工時間内に入れ量産化しました。

　設備投資は掛かったので、償却が大変だったと思います。

　これは極端な例ですが、刃具もまたしかりで、加工済みの被削材だけを見れば、初期的にはどの刃具を選定してもさほど変わりはない（加工はできる）。

　でも、この刃具が10個加工すると、使い物にならないような刃具であったらどうだろう。

　これで生産する気なれるか？

　逆に刃具の寿命は10万個加工可能であるが、設定加工時間1分以内の要件に対し5分掛かるといった加工であったなら生産性は最悪である（いずれも量産はできないのと同じ）。

　では、量産を意識した刃具はどの様に選定したらよいのであろうか？　手順を追って書いてみたい。

　まず最初は、事前準備として加工要件を明確化しておく必要がある。

①加工設備の**サイクルタイム**は何秒設定か。着脱や稼働率を含めたタクトタイムは何秒なのか等。

②刃具寿命は1コーナーあたり何個以上加工できればよいのか。

③機能上で重要となる切削箇所は何処か（精度や粗さまたは同軸度平面度等）を設計者に聞いておく。

※①と②は量産展開していく中で反比例関係にあるので、量産になってからクレームが多いのはこのどちらかが殆どである。また、事前に取決めをしておかないと、ご他聞にもれず担当者が悪者となりどうにもならなくなって、ノイローゼになってしまったケースもあるので、先に合意しておくことが賢明である。

さて、要件が解って合意ができたならば、加工終了後の図面を用意する。これは、あるべき姿がどうなっていれば良いかを示すもので、この図面を見ながら、加工指示がある箇所に○を付ける。

次に色鉛筆またはマーカーペン等で加工する場所をなぞっていく。楽しい塗り絵が終了したら、次に用意するのが、加工前の図面（**ブランク図**）である。こいつと、塗り絵の部分を比較して、だぶついたお肉の量を計算する。更に計算された値を加工終了後図面に ap(d) = △△㎜ と各々記入する。

ここで、もう一つ確認しておかなければならないのが、これから戦おうとする相手の素性である。

材料（被削材）がS○○CなのかSCMなのか、はたまた、SUSやADC・Cuなのか、場合によってはシリコン樹脂なんかもある。一癖も二癖もある連中が勢ぞろいする。一般的に良く知られている曲者はSUS304であるが、俗に18-8ステンレス（18% Cr 8% Ni合金）と呼ばれ、切削抵抗による発熱で表面硬化を起こす。こいつにすれば我々の攻撃に対し、バリアーを張っているようなものかもしれない。表面硬化層ができてしまうと、その硬い部分を削ることになるため、刃具摩耗が急激に促進してしまう。S45Cの加工と同様に考えたら痛いしっぺ返しを貰ってしまう（刃具寿命10個の世界）。

まあ、こいつの材料特性である表面硬化層をつくる引き金は、切削抵抗による発熱にあるので、切削抵抗を少なくする＝すくいの大きい刃具を選

定　発熱を抑える工夫＝切削速度を低くする。切削送りを上げて表面硬化層ができる前に削ってしまう。等の刃具選定と切削条件設定にて回避する。

　上記は一例であるが、材料（被削材）が何であるかによって選ぶ武器（刃具）は変わってくるので、戦う相手を知ることは、刃具選定の中で非常に重要な準備ということになる。

　ここまで準備できると、やっと料理の下ごしらえが出来たといえる。下ごしらえができたところで、少し頭を使って料理する火加減（切削条件：切削速度Vc、毎回転送りf、切込みap（d））を設定する。

　既に、切込みの部分の総量は把握できているが、ここで言う設定とは1回（1パス）で仕上げるのか、粗切削1回・仕上げ切削1回の計2回（2パス）で仕上げるのか等を決めるということです。

　切削速度は材料がS45Cで超硬＋コーティングの刃具を使用しようと思っていれば150〜200m/min程度、サーメット刃具であれば200〜300m/minぐらいで使用する設定が相場であろう。

　毎回転送りfの設定は、図面の粗さ指示と理論粗さの計算式を用いてfを算出し、出た回答の半分が実際の仕上げ切削の送りとなる。

　今、私はさらっと書いてしまったが、馴染みの無い方には難しい話となってしまうだろう。そこで登場するのがレシピ本ならぬ、各刃具メーカーから発行されているカタログ本である。この本の中に、どのメーカーも「推奨切削条件」というものが書いてある。表記方法は各メーカーまちまちであるが、必ずあるので、それを参考にして設定するのも良いかと考える。

　例えば、刃具メーカーK社は次ページのようになっていました。

推奨切削条件

■旋削加工の推奨切削条件（ネガタイプ：一般外径旋削加工）　　　［切込みは半径値(片肉)を示す］

ISO分類	被削材	硬さ	切削領域	加工形態	推奨ブレーカ	推奨材種	コーナR (rε)	速度Vc (m/min) 下限-推奨-上限	切込み ap (mm) 下限-推奨-上限	送り f (mm/rev) 下限-推奨-上限
P	低炭素鋼 低炭素合金鋼 S10C,SCM415 SS400,SCr415 STKM,SP材 等	HB≦300	仕上げ (光沢重視)	連続 断続	XP XP-T	TN6020 TN6020	0.4 0.4	250 - 320 - 380 200 - 280 - 320	0.2 - 0.5 - 0.7 0.2 - 0.5 - 0.7	0.07 - 0.12 - 0.2 0.07 - 0.12 - 0.2
			仕上げ (寿命重視)	連続 断続	XP XP-T	PV7010 PV90	0.4 0.4	250 - 300 - 350 200 - 260 - 300	0.2 - 0.5 - 0.7 0.2 - 0.5 - 0.7	0.07 - 0.12 - 0.2 0.07 - 0.12 - 0.2
			仕上げ～中 (光沢重視)	連続 断続	XQ XQ	TN6020 TN6020	0.8 0.8	250 - 300 - 350 180 - 240 - 300	0.5 - 1.0 - 1.5 0.5 - 1.0 - 1.5	0.17 - 0.25 - 0.3 0.17 - 0.25 - 0.3
			仕上げ～中 (寿命重視)	連続 断続	XQ XQ	PV7010 CA5515	0.8 0.8	250 - 300 - 350 160 - 220 - 280	0.5 - 1.0 - 1.5 0.5 - 1.0 - 1.5	0.17 - 0.25 - 0.3 0.17 - 0.25 - 0.3
			中～荒	連続 断続	XS XS	PV7010 CA5515	0.8 0.8	200 - 250 - 300 160 - 210 - 260	0.8 - 1.5 - 2.0 0.8 - 1.5 - 2.0	0.25 - 0.3 - 0.4 0.25 - 0.3 - 0.4
			荒切削	連続 断続	PS PS	CA5515 CA5525	0.8 1.2	120 - 220 - 280 150 - 200 - 240	1.0 - 2.5 - 3.5 1.5 - 2.5 - 3.5	0.2 - 0.3 - 0.4 0.2 - 0.3 - 0.4
			中～荒 高送り	連続 断続	PT PT	CA5515 CA5525	1.2 1.6	150 - 200 - 240 120 - 180 - 220	1.5 - 3.0 - 4.5 1.5 - 3.0 - 4.5	0.25 - 0.35 - 0.45 0.25 - 0.35 - 0.45
			荒 高送り	連続 断続	PH PH	CA5515 CA5525	1.2 1.6	150 - 200 - 240 120 - 180 - 220	2.0 - 5.0 - 8.0 2.0 - 5.0 - 8.0	0.4 - 0.6 - 0.8 0.3 - 0.5 - 0.7
			荒 (低抵抗)	連続 断続	PX PX (片面)	CA5515 CA5525	1.2 1.6	150 - 200 - 240 120 - 180 - 220	2.0 - 5.0 - 8.0 2.0 - 5.0 - 8.0	0.4 - 0.6 - 0.8 0.3 - 0.5 - 0.7
	中炭素鋼 中炭素合金鋼 S45C	HB≦300	仕上げ (加工時間短縮)	連続 断続	WP (ワイパー) WP (ワイパー)	PV7010 CA5515	0.8 0.8	200 - 250 - 300 160 - 220 - 280	0.3 - 0.5 - 1.0 0.3 - 0.5 - 1.0	0.2 - 0.3 - 0.4 0.2 - 0.3 - 0.4
			仕上げ～中 (加工時間短縮)	連続 断続	WQ (ワイパー) WQ (ワイパー)	PV7010 CA5525	0.8 0.8	180 - 220 - 260 130 - 180 - 240	1.0 - 2.0 - 3.0 1.0 - 2.0 - 3.0	0.2 - 0.3 - 0.4 0.2 - 0.3 - 0.4
			仕上げ (光沢重視)	連続 断続	GP GP	TN6010 TN6010	0.4 0.4	200 - 250 - 300 180 - 230 - 260	0.3 - 0.5 - 1.0 0.3 - 0.5 - 1.0	0.05 - 0.1 - 0.2 0.05 - 0.1 - 0.2
			仕上げ (寿命重視)	連続 断続	GP GP	PV7010 CA5515	0.8 0.8	200 - 250 - 300 180 - 220 - 260	0.3 - 0.5 - 1.0 0.3 - 0.5 - 1.0	0.05 - 0.1 - 0.2 0.05 - 0.1 - 0.2
			仕上げ～中 (光沢重視)	連続 断続	CQ CQ	TN6010 TN6020	0.8 1.2	180 - 230 - 270 150 - 210 - 250	0.5 - 1.5 - 2.5 0.5 - 1.5 - 2.5	0.1 - 0.2 - 0.25 0.1 - 0.15 - 0.2
			仕上げ～中 (寿命重視)	連続 断続	CQ CQ	PV7010 CA5525	0.8 0.8	160 - 210 - 240 140 - 200 - 240	0.5 - 1.5 - 2.5 0.5 - 1.5 - 2.5	0.1 - 0.15 - 0.2 0.1 - 0.15 - 0.2

※被削材が何であるか、使用する刃具材種のどれを選ぶかによって切削の3条件（切削速度・送り・切り込み）は大きく変化することが判る。この違いは最初に確認した加工要件①②③に影響してくるので要注意である。

　さあ、条件も設定したし、一気に料理をはじめるか？？？　あれ！何か忘れてる。そうなんです。

　塩コショウなどの調味料（切削油剤の有る無し）やフライパンの大きさ（シャンクの取り付けサイズ等）を忘れていました。切削油剤も水溶性・不水溶性・セミドライ・ドライと目的によって異なり、どれを使用するかによって選定する刃具も変わってきます。特に不水溶性クーラントとサーメット刃具との相性はあまり良くないことが多く、他材種を選ぶことが多い。

　また、使用する設備の刃物台サイズにより、せっかくインサートチップを選定しても、チップホルダのシャンクサイズが合わず、刃物台にシャンクが入らないといった場合も発生する。

通常、自動盤であれば、□10㎜、11㎜、12㎜といったシャンクサイズになるし、小型CNC旋盤であれば□16㎜、20㎜、中型CNC旋盤であれば□20㎜、25㎜のシャンクが取り付くようになっている。

よって刃具選定しても使用設備によっては、刃物台にシャンクが入らない状況が発生するので要注意である。調味料（切削油剤）、フライパン（刃物台サイズ・シャンクサイズ）も揃ったところで、料理ショーの始まりです。今までに設定してきた条件や要件を満たす刃具を切削工具カタログの中から必死に探し出す。スタート！

余談ではあるが、このときが私は大好きです。なぜなら刃具形状やらブレーカ形状、コーティングの掛かり具合などを見ていると、その刃具で削っている場面が浮かんでくる。

「あっ！切屑延びちゃう」とか「結構きつい切屑になっちゃうか」等々。更に、そこに私と同じようなバカが揃ったらもう大変。カードバトル状態。よく「鉄ちゃん」などと呼ばれる鉄道オタクな方々がおられるが、気持ちは良くわかります。まあ、周囲の切削とは無縁の方には、以下の会話の意味は判断できないし、ただうるさい会話としか受け取られず、迷惑極まりない輩として通報されてしまうかもしれないが、我々はこんな会話をしています。

〈よくある会話のひとコマ〉

A：「ここさー、オーソドックスにC使おうかと思うんだけど」
B：「だったらいっそのことW使っちゃえば」
B：「この切込みだったらCVDの超硬かなー」
A：「粗はそれでいいさ。熱も持ちそうだからTiAlNかね？」
B：「そうだね。今流行のAl$_2$O$_3$もいいんじゃない」
B：「確かにこの寸法精度だったら仕上1パス必要だね」

何のこっちゃ！

A:「そうだね。だったら仕上はサーメットを持って
　　くるかい？」
B:「どうせならPVDで掛けとく？」
A:「そうなるともう1ランクVc上げちゃうか！」
B:「ブレーカーどうする。G級、M級　GP・PS・
　　01・FS？何にする？」

以下延々とこんな会話がつづく。

　端からみれば、いい歳こいたおっちゃん達が、訳のわからん日本語使って、お茶飲みながらサボってるとしか見えないだろう。これをサボっていると感じるか、アハハと笑ってなるほどねと感じるかは皆さんの技量しだいです。

　そろそろ本題に戻そう。必死になってカタログから該当する刃具を選ぶと、10種類ぐらいの候補が上がる。最初は10種類サンプルを頂いてテストすることをお勧めるが、この中で、実際に満足のいく加工ができるのは、多分1つか2つであろう。これが、3種類選択し、1つは必ず加工要件を満たせるようになったらあなたもプロの仲間入りです。一流打者と言われているプロ野球選手でも打率は3割、夢の4割です。
　刃具選定も同様で、1つ選んで完全にヒットするのは、まぐれです。毎回はありえません。
　ちなみに私は昔、10種選定して10種全て全滅という痛い経験をもっています。今でこそ、訳のわからない会話のおかげで、3つ選べば1つは何とか当るレベルにはなりましたが、暴れん坊素材が相手ですので中々苦労することばかりです。

　刃具の選定としては、この様な手順で我々は選定してきているが、このやり方がベストかというと、若干の疑問が残る。現在では加工条件と刃具情報をインプットしてやると、発熱状態や切屑発生状態、加工負荷加工時

間等が解析シミュレーションできるソフトもあり、今後、このようなソフトを使って選定する技術も出回ってくるかと考える。現段階では信頼性は70％とのことであり、こちらももう一歩である。

ここまでで、刃具の選定はできたが、肝心なことを忘れている。

加工要件である以下の項目を満足できる目処が有るのかないのかである。

① 加工設備のサイクルタイムは何秒設定か。着脱や稼働率を含めたタクトタイムは何秒なのか等。

② 刃具寿命は1コーナーあたり何個以上加工できればよいのか。

幸い、切削する3条件は刃具選定の中で設定してきたので、これと図面上で加工距離Lを算出してやれば実加工時間を計算することができる。この実加工時間にツールチェンジ等の空走時間（アイドルタイム）を想定加算してやれば、おおよそのサイクルタイムが把握できる。これと①を比較すれば選定した条件で良いかどうかの目処は判断できる。だめならやり直し。

②においては、無謀な要求でないかぎり、ある程度の寿命は稼げると考えるが、加工テストを実施し、限界寿命の見極めが必要。寿命が設定に満たない場合は、刃具の硬さP20相当であればP10相当の母材に変更し、寿命アップ改善に入る。こちらは数を削らないと逃げ面摩耗が出てこないため、寿命予測がなかなか出来ない。よって量産と平行して改善していく場合が多い。

以上、長々と書き連ねてしまったが、これを読んだ皆さんが打率3割以上のスター選手になれることを祈願する。

刃具選定の手順は次ページの補足資料を参照願いたい。

刃具選定は奥が深いです。選べば良い訳ではない。3種類選定して1種類当ればスター選手。常に3割り打てるバッターになれ。

刃具選定の基準となる項目と手順

〈事前情報の入手〉

　加工要件を明確化しておく

①加工設備のサイクルタイムは何秒設定か。着脱や稼働率を含めたタクトタイムは何秒なのか等。

②刃具寿命は1コーナーあたり何個以上加工できればよいのか（月の生産台数はどのくらいか等含む）。

③機能上で重要となる切削箇所は何処か（精度や粗さまたは同軸度平面度等）を設計者に聞いておく。

④使用する設備は既存設備改造なのか新規導入設備を予定しているのか。投資台数は？

⑤機内計測の有無はどうか（着座検出等を含む）。

⑥クーラントの使用は可能か否か。

⑦配置人員は何名を予定しているか。自動搬入排出のローダー要否等々実際に使用する製造側と造りの意思を込めた設計側、それを保証するための品質側の要件を明確にしておく。

〈事前準備〉

・被削材のブランク（素材）図面と加工図面
・色鉛筆またはラインマーカーおよび電卓
・実際のブランクおよび試作品があれば準備
・各刃具メーカーカタログ

〈作業1：加工部位の把握〉

　加工図面の粗さ指示がある部分全てにマーキングを施し、切削する部分に加工線を記入する。

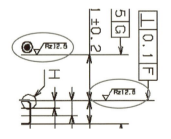

〈作業２：主要寸法公差および幾何公差の把握〉

寸法公差が厳しい箇所や製品が成立する直角度や平行度・真円度等の重要部分にマーキングをする。できれば、マーキングの色を変える。

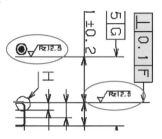

〈作業３：被削材種の把握〉

加工図の材質の部分をマーキングし、切削加工する相手の素性は下のP, M, K, N, S, Hのどのグループか把握する。このとき、熱処理の有無もチェックしておく。

例として、材質はPであっても焼き入れ処理されていれば、硬度は変化するため分類はHになるので注意。

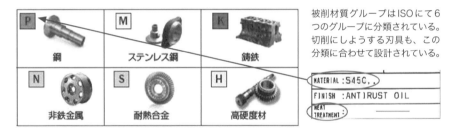

被削材質グループはISOにて6つのグループに分類されている。切削にしようする刃具も、この分類に合わせて設計されている。

〈被削材質グループの特徴〉

ISO P － 鋼は金属切削領域で最大の材料グループで、一般的な炭素鋼や合金鋼から、鋳鋼やフェライト、マルテンサイト系ステンレス鋼まで多岐にわたります。

被削性は基本的に良好ですが、材料硬度や炭素含有量などによって大きく異なります。

ISO M － ステンレス鋼はクロムを12％以上含む合金材料です。その他の合金にはニッケルとモリブデンが含まれることがあります。フェライト、マルテンサイト、オーステナイト、オーステナイトフェラ

イト（2相）を含めると非常に大きなグループになります。これらすべてに共通するのは、加工に際して刃先は過大な切削熱による境界摩耗や構成刃先などがおこりやすくなることです。

ISO K - 鋳鉄は鋼とは違い、切りくずの短いタイプの材料です。ネズミ鋳鉄（GCI）と可鍛鋳鉄（MCI）は加工が非常に容易ですが、ダクタイル鋳鉄（NCI）、コンパクト黒鉛鋳鉄（CGI）およびオーステンパ球状黒鉛鋳鉄（ADI）の方は加工が困難です。すべての鋳鉄は炭化ケイ素（SiC）を含んでおり、切れ刃にコスリ摩耗を発生させます。

ISO N - 非鉄金属はアルミ合金、銅、黄銅などの軟質金属です。ケイ素含有率が13%のアルミ合金は非常に硬く、コスリ摩耗を発生させやすい材料です。シャープな刃先を持つチップの場合、一般的に高い切削速度と長い工具寿命を期待することができます。

ISO S - 耐熱合金には多数の高合金鋼、ニッケル、コバルト、チタンベースの材料が含まれます。耐熱合金は粘い材料で、構成刃先を生成し、加工中に硬化し（加工硬化）、発熱します。耐熱合金はISO M領域と非常によく似ていますが、非常に切削が難しく、チップの工具寿命が短くなります。

ISO H - この材料グループには硬度45～65HRCの鋼と約400～600HBのチルド鋳鉄も含まれます。これらの被削材はすべて硬度によって加工が難しくなります。切削中に発熱し、切刃に対して摩耗性の高い材料です。

〈作業4：削り代・切り込み量の把握〉
　素材図面と加工図面をを見比べ、最大切り込みはどのくらいになるか計

算し、加工図にメモする。

　例として、外径加工の場合、下素材図青枠の外径はφ109.5max、これに対し加工図のmin（最小径）はφ106.7となっている。この差は直径で2.8㎜である。今把握しておきたいのは切り込み量（半径）であるため、2.8㎜÷2＝1.4㎜が切り込み量となる。同様に各加工部位を計算し以下の加工図のようにメモする。

　また、この切り込みはどの切削領域に属するのか把握しておく。

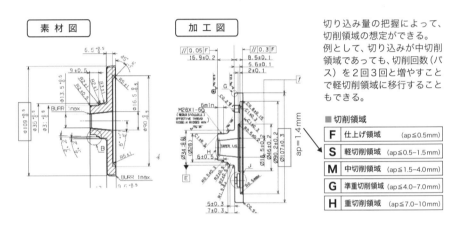

切り込み量の把握によって、切削領域の想定ができる。例として、切り込みが中切削領域であっても、切削回数（パス）を2回3回と増やすことで軽切削領域に移行することもできる。

■ 切削領域

F	仕上げ領域	(ap≦0.5mm)
S	軽切削領域	(ap≦0.5-1.5mm)
M	中切削領域	(ap≦1.5-4.0mm)
G	準重切削領域	(ap≦4.0-7.0mm)
H	重切削領域	(ap≦7.0-10mm)

〈作業５：連続・軽断続・強断続加工の区分け〉

　加工する部位ごとに加工状態が以下のどの切削に該当するかを把握する。

■ 加工状態

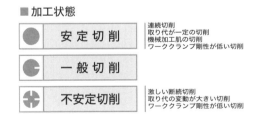

連続切削の切削抵抗と比較し、断続加工度合いが増すにつれて衝撃荷重が加算され切削抵抗としては連続加工時の3倍～10倍に跳ね上がる。

よって、断続切削になるほど刃具の靭性や刃先R切削速度等を考慮しなければならず、非常に重要なポイントとなる。また、刃具の抜け側には、多かれ少なかれ抜けバリが発生するので、工夫が必要。

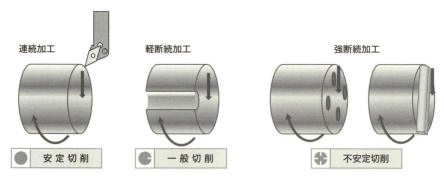

以上の情報収集・作業結果が、次の刃具選定における重要なベース（基準）となるため、しっかり確認しておく。

> 刃具の選定

選定をする準備として、用意した刃具メーカーカタログを開いて、以下のような刃具の型番説明ページを開く。

下図の形状記号からコーナーR記号まではISOで定められた規格であるため、国内外のメーカー問わず、万国共通です。

よって、型番が同じであれば、どのメーカー品でも取り付けは可能です。

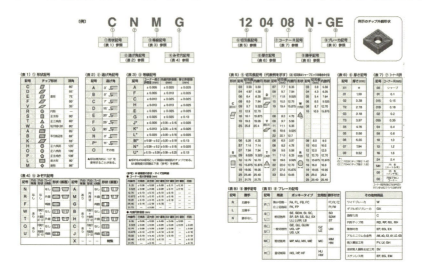

〈刃具選定手順1:刃具形状の決定〉

　作業4で求められた結果により、重切削領域に行くほど切削抵抗は増加する。当然ながらその切削抵抗に負けて欠損しない形状を選択する必要がある。また、切り込みによる切削領域がS軽切削領域であっても、作業5で得られた結果が強断続の不安定切削であった場合、Vを選択したなら、衝撃の度合いを考慮して形状はR側（刃先強度増側）へのDまたはTにシフトする。

　逆に、連続加工の安定切削でCまたはWを選択したが切り屑処理性が悪いと予測される場合はTまたはDへシフトチェンジする。

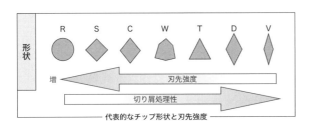

代表的なチップ形状と刃先強度

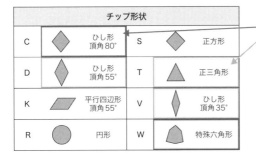

当社では安定切削・一般切削の加工が多いため、中切削領域（粗切削）にC・Wを選択適用、軽切削、仕上げ切削領域にT・D・Vを適用することが多い。

〈刃具選定手順2:刃具ネガ・ポジ形状の決定〉

　　ネガタイプ：一般的に外径を加工する場合に多く用いられる。表裏両面が使用できるため経済的な刃具。
　　　　　　　デメリットとして、前逃げ角が0度であるため、そのまま使用すると被削材との干渉が起きる。

⬡ ポジタイプ：一般的に内径を加工する場合に多く用いられる。既に前逃げ角を取ってあるため、被削材との干渉は心配なく、すくい角も正のすくいとなるため、切れ味を落とさずに済む。

デメリットとしては、片側のみの使用に対し、価格はネガタイプと同等またはそれ以上となる。

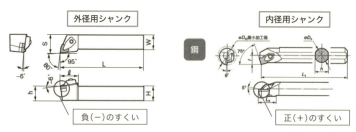

通常、内径加工用シャンクはボーリングバーとも呼ばれ、被削材とシャンクの干渉を防ぐために○（バー形状）となっている。

また、内径加工は被削材の奥を加工することが多いため、シャンクの突出し量はおのずと長くなる。これに切削抵抗が掛かると撓みが発生し、びびり易くなる。

よって、切削抵抗負荷を極力低減させてやる方策としてポジタイプの適用が一般的。

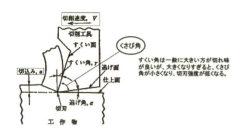

ポジタイプの逃げ角の違いは、左図のくさび角の違いとなる。くさび角が小さく（逃げ角が大きく）なると切れ味は良くなる。これは左図注記のすくい角を大きくしたのと同様となる。

よって、切刃強度は低く（弱く）なるといった欠点もある。

使用方法としては、連続した加工や被削材の抜け際のバリ対策等には効果を発揮するが、断続切削や切り込みの多い重切削には不向きと考える。

〈刃具選定手順３：チップ許容差から使用する等級の決定〉

許容差等級はA, F, C, H, E, G, JとK, L, M, N, Uの12の等級に分かれている。一般的によく使用するのはG級とM級である。

基本的にはG級とM級のどちらを使用しても加工は可能。G級の方が切れ刃をシャープにできるため、切削抵抗は低く加工精度も安定する。

しかし、写真のごとくG級は切れ刃が片側しかないので、引き返しの加工はできない。以下、それぞれの特徴を理解して選定すること。

G級

コーナー高さ許容差 ；±0.025mm
厚み許容差 ；±0.13mm
内接円許容差 ；±0.025mm

特徴

グラインディング級・研磨級などとも呼ばれるとおり、焼結された素材を研削により逃げ面およびすくい面の刃付けをおこなった刃具であり、寸法公差も左記のとおり、M級と比較して高精度に仕上げられている。
刃先をシャープに出来るため、切削抵抗が軽減され、加工精度が良い。逆に重切削には不利となり主に、仕上げ切削〜中引きに使用する。価格的には研削工程が追加となるため、M級と比較して割高となる。

M級

コーナー高さ許容差 ；±0.08mm〜±0.18mm
厚み許容差 ；±0.13mm
内接円許容差 ；±0.05mm〜±0.25mm

特徴

モールド級・型押し級などと呼ばれ、切り屑処理性を向上させる3次元ブレーカー（立体模様）を施すことができる。基本焼結肌であるため、各許容差はG級に対して劣るが、切り屑コントロールの良さと刃先強度の強さから、G級ほどの安定性はないが、仕上げ〜粗切削まで広く使用されている。価格面もG級に対して安価であるのもその一端であるかと考える。

〈刃具選定手順4：チップホルダへの取り付け穴有無の決定〉

　実際には、穴あり・なしの他に止めスクリューのテーパ角度の決定等も入ってくるが、最後にカタログと照らし合わせるため、ここでは有る無しの決定のみをしておく。

〈刃具選定手順5：刃具の大きさの決定〉

　既に使用する形は手順1で決めてあるため、ここでは使用する大きさを決める。

　外径加工では被削材との干渉は少ないが、内径加工においては被削材との干渉を考えて、加工径以下の切れ刃長さのものを選定する必要がある。

　例えば、加工前の内径がφ10で加工後の径がφ12と図面から判断でき、△Tタイプの刃具を使用すると決めたなら、使用できるサイズは06・08・09の3種類に限られる。また、切れは長さと加工径がぎりぎりであると、シャンク側の取り付け部の幅が加算されるため、やはり干渉が発生する恐れあり。

　よって、シャンクを選定したときに、カタログ上に最小加工径という項目があるので、必ず確認しておくと良い。

インサートの呼び記号の付け方（JIS-B4120-1998 ISO1832/AM1:1998準拠）

⑤ 切れ刃長さまたは内接円記号															内接円直径
R		S		C		W		T		D		V		K		
記号	寸法	記号	寸法	記号	寸法	記号	寸法	記号	寸法	記号	寸法	記号	寸法	記号	寸法	
		03	3.97	03	4.0			06	6.9	04	4.8					3.97
		04	4.76	04	4.8			08	8.2	05	5.8	08	8.3			4.76
*05	5	–	–	–	–	–	–	–	–	–	–	–	–	–	–	5
		05	5.56	05	5.6	03	3.8	09	9.6	06	6.8					5.56
*06	6	–	–	–	–	–	–	–	–	–	–	–	–	–	–	6
		06	6.35	06	6.5	04	4.3	11	11	07	7.8	11	11.2			6.35
		07	7.94	08	8.1	05	5.4	13	13.8	09	9.7					7.94
*08	8	–	–	–	–	–	–	–	–	–	–	–	–	–	–	8
09	9.525	09	9.525	09	9.7	06	6.5	16	16.5	11	11.6	16	16.6	19	19.7	9.525
*10	10	–	–	–	–	–	–	–	–	–	–	–	–	–	–	10
*12	12	–	–	–	–	–	–	–	–	–	–	–	–	–	–	12
12	12.7	12	12.7	12	12.9	08	8.7	22	22	15	15.5	22	22.1			12.7
15	15.875	15	15.875	16	16.1	10	10.9	27	27.5	19	19.4					15.875
*16	16	–	–	–	–	–	–	–	–	–	–	–	–	–	–	16
19	19.05	19	19.05	19	19.3	13	13	33	33	23	23.3					19.05
*20	20	–	–	–	–	–	–	–	–	–	–	–	–	–	–	20
		22	22.225	22	22.6			38	38.5	27	27.1					22.225
*25	25	–	–	–	–	–	–	–	–	–	–	–	–	–	–	25
25	25.4	25	25.4	25	25.8			44	44	31	31					25.4
31	31.75	31	31.75	32	32.2			55	55	38	38.8					31.75
*32	32	–	–	–	–	–	–	–	–	–	–	–	–	–	–	32

私の現場でよく使用する刃具は左灰枠となります。国内外を問わず、黒枠サイズは流通および材種・ブレーカー種類等が多く、より細かな調整が可能なことと、流通量が多いことによる購入価格が安価なことより、多く使用しています。

〈刃具選定手順６：刃具の厚さ決定〉

　形状・大きさと決定したので、厚さは自ずと決まってくるので、ここではあまりこだわらなくても良い。

　ただし、入手状況から見ると、日本では03番仕様が多いがヨーロッパでは02番が主流等があるので、使用する国によっては注意。

〈刃具選定手順７：コーナーＲの決定〉

　一般的な市販品では、刃先のＲは0.4㎜跳びで設定されている。よって、0.2、0.4、0.8、1.2というようになり、特に使用頻度が高いのが0.4㎜と0.8㎜である。

　また、刃先Ｒの大きさはＲが大きくなるほど、刃先の強度（切削抵抗による欠けにくさ）は上がるが、切り屑は薄くなるため処理性は悪化する。

　更に、下図のように図面上で隅Ｒ指定がされている場合、使用できる刃先は0.4㎜もしくは0.2㎜の選択となる。

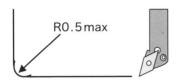

〈刃具選定手順8:手順7までの決定事項の整理〉

手順1で形を:C、手順2で両面使用のネガ:N、手順3で型押しタイプ:M級、手順4で穴付:G、手順5で切れ刃長さ:12㎜、手順6で厚さ04番、手順7で刃先Rを0.8㎜と設定した場合、これら得られた記号と数値・番号を順番に並べると以下のようになる。

　　　Ｃ　Ｎ　Ｍ　Ｇ　12　04　08　・・・　CNMG120408

また、基本情報として、被削材は鋼(P種)　　、被削材質S45C、加工形態は連続切削の外径切削 ● 安定切削

切削切り込み量は1.4㎜(0.7㎜×2回)粗さはRz12.5(理論粗さの計算式より1回転あたりの送り量fは0.15㎜/revに設定)等々をまとめる。

〈刃具選定手順9:メーカーカタログより手順8の要件にあった刃具を選定する〉

メーカーカタログの説明ページを更に捲っていくと、以下のようなページが出てくる。

ここでは、要件に合った切り屑処理のブレーカーを決める。更に刃具の母材を決めるの2項目を決定する。

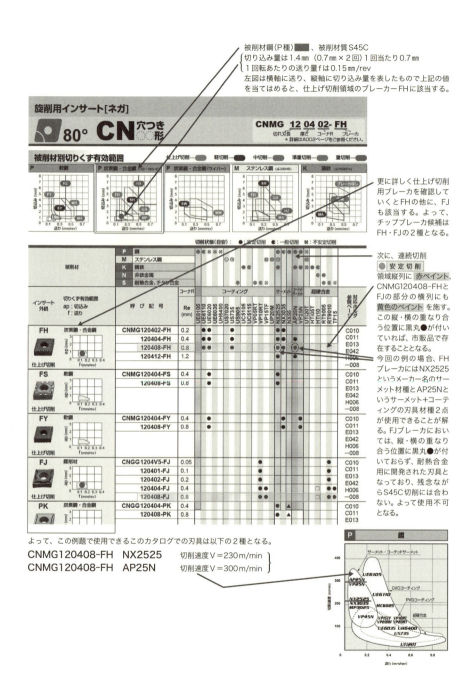

〈刃具選定手順１０：選定した刃具の加工条件の整理〉

　　被削材は鋼（Ｐ種）▓▓▓、被削材質S45C、加工形態は連続切削の外径切削

　　切削３条件は使用する刃具別に以下のとおり。

　　CNMG120408-FH　NX2525

　　切削速度Vc＝230m/min

　　切り込み量ap＝0.7㎜×２パス　送り＝0.15㎜/rev

　　　（刃具材種：サーメット）　仕上げ切削用ブレーカ

　　CNMG120408-FH　AP25N　　切削速度Vc＝300m/min

　　切り込み量ap＝0.7㎜×２パス　送り＝0.15㎜/rev

　　　（刃具材種：サーメット＋コーティング）　仕上げ切削用ブレーカ

※今回は切り込みを0.7㎜×２回と分けたが、1.4㎜をそのまま切り込みとした場合はブレーカの適用範囲も変わるため以下のような仕様となる。おのずと刃具の母材（材種）もサーメットから超硬＋コーティングにする必要がある。

　　CNMG120408-MA　UE6010　　切削速度Vc＝200/min

　　切り込み量ap＝1.4㎜×(１パス　送り＝0.15㎜)/rev

　　　　　　　　　　　　　　　　　　↑
　　　　　　　　　　　　　粗さが指定されているので、変えられない。

　　　（刃具材種：超硬＋コーティング）　中引き切削用ブレーカ

〈確認事項１：選加工条件の成立性確認〉

　上記選定手順10でまとめた加工条件の切削速度を使用して、使用する設備のMAX回転数の80％以下で使用可能か比較する。

　通常、小型CNC旋盤ではMAX8000回転程度、中型では4500回転前後がMAXとなる。また、主軸回転数が8000回転を超える設備に関しては、主軸スチールベアリングからセラミックスベアリングへの変更が必要となる。

〈確認事項2：シャンク取り付け寸法の確認〉

　小型CNC旋盤（ピーターマンタイプ等）のくし歯式では刃物台へのシャンク角取り付け寸法は10㎜ or 11㎜ or 12㎜ or 16㎜□と設備メーカーにより違いがある。また、ターレット式の小型CNC旋盤では、外径シャンクは16㎜□ or 20㎜□、中型では20㎜□ or 25㎜□、内径ボーリングバーでは設備側の取付孔径はφ32 or φ40となる。

　例として、中型設備で、20□仕様の設備であった場合、選定された刃具のシャンク□が25□であったなら、刃物台への取り付けはできない。

〈確認事項3：内径ボーリングバー取り付け用スリーブの確認〉

　確認事項2で設備側内径ボーリングバー取り付け部分の孔径はφ32 orΦ40で出来ている。しかし、実際に使用するボーリングバーのシャンク径はΦ10m前後の径が多い。これを取り付けるためには、φ10の孔の空いた外径をφ32 or φ40に合わせた中コマが必要となる。

　これを、スリーブと呼んでいる。よくあるパターンとして、「刃具とシャンクは選定発注して納入されたが、いざ設備に取り付けようとしたらスリーブを発注していなかったため、取付できず立上げが遅れた」といったケースがあるので要注意。

まとめ

　以上のような情報収集と基準となる結果より刃具の選定を手順に沿って説明してきたが、もう一度注意しておきたいのは、最初の基準造りの段階で必要情報をしっかり整理することがポイントとなる。

　また、選定したからOKではなく、刃具と設備の関係まで確認しておかないと、せっかく選定しても使用出来ないケースもあるので、手を抜かず確認を怠らないよう心がけてほしい。

　次への展開として、ここまでの切削条件やらローディングやら機内計測やらの情報が集まって来ると、これらを利用して、加工時間を見積もることができる。この算出の仕方はまた別の章で説明したいと考えるが、まずは、基準と手順に沿って自分でやってみることから行っていただきたい。

　「百聞は一見にしかず、百見は一行にしかず」

〈補足〉

- 切削速度による影響

1. 切削速度を20％あげると工具寿命は1/2、切削速度を50％あげると工具寿命は1/5に低下する。
2. 切削速度が低い（20～40m/min.）低速度側でもびびり振動が発生しやすく、工具寿命は短くなる。

事実を知らずして構想を語るな

　今、思い起こせば、会社も東証2部上場、1部上場と月日を重ねるにつれ大きくなった。私は昭和生れだが、現在入社している若手は平成生まれである。昭和は遠くになりにけりだね。

　ここのところ、ふと思うのであるが、やたらめった報告会や会議が多くなったような気がする。確かに「ほうれんそう　報告・連絡・相談」は必要なのだが、通り一遍の報告資料に時間を掛けて現場・現物・現実を見落としているようにも思える。

　つい最近こんなことがあった。5年後・10年後の切削加工構想案をチームで検討して、絵に描いた餅は完成した。

　しかし、我々が欲しいのは、5年後・10年後に本物の餅にして食べたいということだ。そのために必要なのは、3要素の「人」「物」「金」であるが、この状態で行けば「物」と「金」はなんとかなる。足らないのは「人」の部分である。

　単なる数合わせなら良いのだが、新しい技術をうまく使いこなせる技能（腕）を持った人材（人財）が多くいなければ構想は成立しない。では階層別にどんな人材がいるか一度調査をしようということになり、ご他聞にもれず報告相談用の資料を作成し、関係課の参集のもと会議をお

こなった。その結果、課長連中から出た言葉が、「この調査をしていくら効果が出るのですか？」であった。予測効果を出さないと上の承認が得られないというのである。

　こちらも事実が分かっていれば調査などしたくないが、今は何も判断材料がないし、どこの部署も掴んでいないから調査するのだ。

　私の頭の中で「ブチッ」と音がした。日頃、人材育成は大切だなどとかっこつけて報告している連中が実態を分かっていない。

　「こちとら、現場の衰退ぶりを実際に見てきておるんじゃい」と心の中で思いつつ、そこはグッと堪えて、まずは事実が分からないと効果の算出もできないと答えた。結果によっては、うちのチームで預かり、2年～3年勉強と実践し職場へ返すような仕組みも考えていることも伝えた。いやはやお役所仕事もいいかげんにしていただきたいものだ。

　ここで実感したのは、「もの造りは人造り」。人が育っていないと先へ進めないという事実である。

刃物は人に向けたら凶器、自分に向けよ。

> たまに現場へ行って加工品を見て、「ここの外径ホルダは右だっけ左だっけ？」と聞くことがある。意外と間違った答えが返ってくる。そんなときの簡単な勝手の見分けかたがこれ。

　長年、切削関係におられる方には、何を今更とお叱りを受けるだろうが、入って２～３年の若い人達にインサートチップやツールホルダの勝手について聞かれることがある。ご存知のとおり、**左勝手・右勝手・勝手無し**の３つに分かれる。

　ここまでは切削に携わる人であれば、知っていて当然のことなのだが、現物だけを見て右・左の区別をせよと言うと、必ず10人中２～３人は間違う。言葉は知っているのだから、どこかで教えてもらっているのだと思うが、文章や言葉だけが一人歩きして、実践では役にに立っていない。これは教える側にも問題があるように思える。

　こんなことが数回あって、見分け方を解り易く伝えるにはどうしたら良いか、自分はどう教えていたか考えてみた。

　よくよく考えてみると、私の場合、まず見方を最初に行っていたなと思いだした。以下のような会話である。

「〇〇さん、そこのハサミ取ってもられるかな」……普通の常識がある人であれば刃のほうを握って、柄のほうを相手に差し出す。
「ありがとう。あれ、今、柄のほうを私に向けて渡してくれたよね。」
「なんで？」

「だって、刃があるほうを渡したら危ないじゃないですか。」
「そうだよね。刃物は人にむけたら凶器になっちゃうものね。」
「自分のほうに刃を向けるんだよね。」
「そこで、今回の本題の勝手の話であるが、インサートチップもツールホルダも金属を切って削る刃物だよね。」
「刃物の勝手見るのだから、刃のある取り付け側を上にして、自分のほうへ刃をむけなければダメだよね。」
「自分のほうに向けて切れ刃が左側について左勝手（L）、右側であれば右勝手（R）のインサートチップとなるし、ホルダであれば左を向いていれば左勝手（L）、右を向いていれば右勝手（R）、どちらも向いていないのは勝手なしのホルダとなる。」
「ちなみに、勝手付きのインサートは一定方向にしか削れないので、往復で削るようなケースではM級等の（勝手なし）インサートを選定しなければならないので注意してね。」

　以上、今思い起こせばこんな会話をしてました。覚え方は人それぞれですので、これが良いというものはないのですが、それでも、ただ言葉だけを覚えさすよりはましかと考えます。

　一般的に自分勝手は嫌われるが、刃物を見るときは自分勝手（自分の方に刃を向ける）でいいんだよ。

第18章 設備の振動は体調不良の前兆。定期検診が予防の要。

> 人にとっての一番の宝物は健康であると、歳を重ねるごとにつくづく感じる。設備も同様に無理が祟ると病気になるし運が悪いと死に至る。そうならないようにどうするかの話です。

　私が20代の新品設備であったころ、暴飲暴食を繰り返しても、体はいたって健康そのもので、風邪をひいても寝込むようなことはなかった。そして30代になっても相変わらず暴飲暴食。休みの前日の夜から翌日の朝まで徹夜マージャンとやりたい放題であった。それでも何の自覚症状もないので、成人病の検診結果もろくに見ずにいた。

　40歳の一歩手前、今で言うアラフォーになったころ、何かこの頃腹がだいぶ出てきたなと感じつつ、「そう言えば疲れやすくなったよな〜」などと独り言ってみたりした。

　この時、気がつけば賢い山ちゃんでいられたのだが、いかんせん自覚症状は疲れやすくなったのと体重が10キロほど増えたぐらいで、「齢だから仕方ないか。この際、歌って踊れるデブを目指すか！」ぐらいにしか考えていなかった。

　そんな中、会社とは良くできたもので、40歳になると人間ドックの費用を半分負担してくれる制度がある。冷やかし半分、興味半分で早々に人間ドックを申し込み、受診した。

　結果はというと、高脂血症と糖尿病が発覚。「これで高血圧が加われば、あんた完璧に早死にができるよ」とまで言われた。

　あれから20年、薬と食事制限により何とかまだ生きている。毎年の人間

ドックも続けている。

　もし、あのタイミングで見過ごしていたら、私は今ここにはいないのではと考える。

　なぜこんな話をしているかというと、皆さんがお使いの工作機械も同様で、何もしないで新品同様に使用できる設備は見たことがない。

　どうしても経年変化は出てくるし、過負荷による磨耗や劣化は発生する。そのまま使い続ければ、自ずとある日突然故障となって現れる。

　実際には、ある日突然ではないのだけれど、何も気にしていない使用者にはそう見えるのである。

　私がそうだったように、悪くなる前には予兆がある。誰でも経験することだが、風邪のひき始めは熱っぽいだとか、寒気がするだとか、鼻水がでるといった諸症状がある。設備で言えば、電気系では配線が劣化するまたは端子の止めネジに緩みが有ると、配線抵抗が上がり発熱する。機械系では、ベアリングが損傷すると周波数の高い加速度振動が発生する。これは周波数が高いため、人の耳には聞こえない設備の震えである。これらの予

兆をいかに早く察知できるかが、余命を決める鍵となる。

では、これらの発熱や震え（振動）をどのように察知していくかという点について話していきたい。察知するということは、何かと比較し変化点があるからおかしいと気づくものと考える。そうすると、必要になるのは良い状態の見える化である。変化が熱として現れてくるものであれば、温度計やサーモグラフィーなどで数値化や見える化をするのが有効と判断する。現在、使われ出してきているのが、配電盤をサーモグラフィーで撮影し、温度を色で見える化するやり方である。設備導入時のものをベンチマークとして、その変化を比較評価するものである。

震えとして現れるものは、やはり振動計で数値化するのが良いと思われる。

これも、初期値として設備導入時をベンチマークとするのが分かり易い。その他にも初期値の2倍になったら注意、その更に2倍になったら交換といった考え方も一般的な定説として使用されている。使用するのは簡易振動計で当初は充分であるが、簡易振動計では悪さの察知はできるが、劣化部位判別ができないため、この時点で精密診断をする必要がある。

いずれにしても、1回測定すれば終わりではないので、地道に人間ドックと同様定期的な測定データを積上げて行く努力が必要である。

その他にも、各X, Y, Z軸の繰り返し精度やバックラッシ、チャック爪の被削材への接触状態、マスターによるチャックの振れ等も劣化の予兆データとして充分活用できるため、これらの測定も合せて実施するのが、より効果的と考える。

ここまでの話は、悪さが予兆として現れている段階での察知と対応である。さて、もっと良い方法はないのであろうか？

そこで、天邪鬼な私は、先の文章をいじってみる。悪さが予兆として現れているから察知でき、察知したからには対処しなければならないとも言い換えられる。

そう言い換えてみれば、良い状態を維持できれば、定期検診保険として

必要だが、予兆が現れない限り対処はしなくて済む。

　問題はいかに悪くする要因をブロックできるかだ。人に例えるなら風邪菌を寄せつけないようにするには何が必要なのかということと同じである。

　そう言えば、うちの婆さんが私の子供の頃よく言っていたのは、「外から帰ってきたらウガイしな！　手を洗いな！　出るときはマスクして行け！」だったと思う。まさしく予防保全である。設備においてはどうであろうか。やはり「清掃・点検・増し締め・給油」が基本と考える。これは設備を扱う人達の日々の努力がなければできないことであるが、決して難しいことではなく、「あたり前のことをあたり前に行う」だけのことである。

　使い終わったら掃除をする。亀裂や錆、ボルト類のゆるみはないか点検する。緩みや損傷があればすぐに直す。潤滑油の補給やチャックへのグリスアップを行う等、日々皆さんがおこなっていることが、一番大事なポイントであると私は考える。

　定期検診をしているから安心ではなく、日々やるべきことをやっているから安心なのである。定期検診はあくまでも保険と考えてほしい。

　一つ言えるのは、振動が大きい設備では、いくら高額の刃具を使用しても決して良いものは加工できないのは事実である。

　余談になるが、どうも近頃おじさんになったせいか、設備のボディーを手で触っている。女性にやったら完全に痴漢容疑で現行犯逮捕であるが、設備は文句は言わないので触り放題である。このすけべ心が功を奏して設備の良し悪しがある程度判るようなってきている。

　ぜひ皆さんも設備のおさわり大作戦をやってみてはいかがでしょうか？

金儲けの秘訣は「当たり前のことを当たり前に行うこと」
設備の「清掃・点検・増し締め・給油」が基本⇨当たり前

第19章 隅R、喧嘩の火種は図面から。機能を知ることが大事。

> 切削加工を知らないで設計された図面ってよく見るよね。間違いを指摘しても直す勇気もない。そんな腹立たしい出来事がこれ。

　下図のような図面の一部が出てきた。単純な加工である。しかし、薄肉のためチャッキング方法ひとつで、真円度に影響を与えてしまう。ましては、データムが素材面であることより、素材ばらつきが径方向のばらつきに付加されるのは見え見えである。

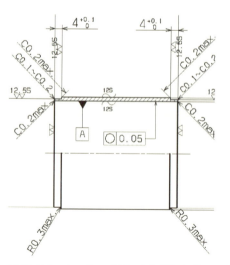

　よって、単純であるがゆえに、誤魔化しが効かない難易度をもっている。そうするとチャッキングは6つ割コレットかWコレットが必要か？1チャックで両側加工できないか？等々を考えていると、「うっ、う〜ん」隅R0.3MAXになっているではないか。切削加工に携わっている方ならお分かりのとおり、市販のインサートチップのノーズRは、0.2、0.4、0.8、1.2と最初の0.2mm以外は0.4mm跳びで設計されている。粗さは左図面（旧JIS）Rmax12.5、現在のRz12.5に相当する値以下となっている。図面通り加工しようとすると使用する刃具のノ

ーズRは0.2mmのものを使用することになる。ところが、やっかいなことに、R0.2になると刃具のバリエーションが極端に少なくなるのと、加工時の粗さをキープするために送りを上げられない、言い換えればマシンサイクルタイムが延びることを意味している。簡単にいえば、R0.2とR0.4では正味の加工時間は倍違うことになる。

　本来ならR0.4を使用したいところである。しかし、わざわざR0.3MAXと記すのには、何らかの根拠があるはずだと考え、後工程はどう使用されているのか確認した。

　後の組付け工程では、インロー部にゴムの角リングを挿入し、メス側インロー部と勘合され全体を2本のセットボルトでサンドイッチのごとく締め付けるようになっていた。

　ということは、オス・メスのインロー部の間にゴムの角リングがあるのは、外部からの異物や水分の浸入を防ぐ機能を有していると考えることができる。そうすると、金属同士の勘合ではなく、金属とゴムの勘合となり、

密封機能が損なわれなければ、ゴムは圧縮され相手側金属の形状に倣うのでは？と考えられた。そうなるとR0.3MAXの信憑性が疑わしくなって来た。

　この辺でやめておけばよいものを、私の悪い癖で尚一層根拠が知りたくなった。そこで、設計担当者へ意図を確認しに行った。これが間違いの元で設計担当者の回答は一言「前の図面がそうだったから」……私の起爆スイッチを押した。まだ小型爆弾程度であったが、次の一言で更に核ミサイルのスイッチを押してしまった。その一言とは「山下さん、何で、たかがR一つにそんなに拘るんですか？」

　「たかがR」……あなたにとってはそうかもしれないが、その安易なRで製造は残業しなければならなくなるんだよ。刃具の交換頻度も変わってくるんだよ。ましては、前の図面がそうだったから？　お前の意思はねえのかよ。今まで溜まっていたマグマが大噴火。結果は組付け・耐久テストを経て暫定的に適用。これが25年ほど前の話である。ここで失敗したのは、適用になったときに図面を変更していなかったことだ。現在、これらの生産は海外でおこなっている。

　当然、20年以上前の出来事など知る由もなく、上記の図面が出回っている。

　この件については、1年も掛けて耐久テストを実施し、問題なきことが立証されているが、設計サイドとしては改定の意思を示していない。

　更に、新機種においても隅R0.3MAXが書かれており、ちょっと悲しい限りである。

製品機能（使われ方）を熟知せよ。図面を鵜呑みにするな。理屈に合わない図面なんて多々あることを肝に銘じよ。

「刃物おたく」？
どうせなら「切り屑の魔術師」と呼んで！

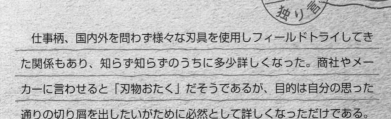

　仕事柄、国内外を問わず様々な刃具を使用しフィールドトライしてきた関係もあり、知らず知らずのうちに多少詳しくなった。商社やメーカーに言わせると「刃物おたく」だそうであるが、目的は自分の思った通りの切り屑を出したいがために必然として詳しくなっただけである。

　ある設備メーカーから「今、お客さん立合いで○○材の加工しているのですが、切り屑が・・・で困っている」と問い合わせがあった。他社の部品であるのと私は刃具メーカーではないので、なぜ私に聞くのかと尋ねた。返答は、「山下さんなら多分同じような材料を加工したことがあるはずだから何の刃具を使用すれば良いか知っているかと」という。

　はいはい、分かりました。

　「その材料だと研ぎ付けG級で加工すると切り屑処理できないので、G級の型押しブレーカーが△△の刃具メーカーから出てるからそれで試し」てと回答した。その後、うまく行った報告があった。

　目的は切り屑処理なので、どうせなら「切り屑の魔術師」なんてのがかっこいいよね。

第20章 ツールホルダ、突き出し長けりゃ撓（たわ）みは増すよ。

> 皆さんは出来上がった品物を光にかざして、加工面を見た経験はないだろうか。そのとき加工面がギラギラ乱反射してるなってことあるよね。きれいだなんて思ってたら間違いだよ。さて何が悪い？

下図は工具メーカーのカタログに記載されていたもので、一般的に良く使用する計算式である。別にこの式を覚えろと言っているわけではない。

ここで注視したいのは、突き出し基準Lが2Lになると**撓み量δは突き出しLのときの8倍**になることと、軸径Dが1/2D（細くなる）と撓み量δは16倍になるということである。

- 撓み量は長さの3乗に比例する
- 撓み量は太さの4乗に反比例する

これは片持ち梁の撓み計算と考え方は同様である。

この現象は左図のエンドミルだけではなく、旋盤加工のツールホルダ、シャフト素材のような細長の被削材にも発生する。

ツール側で発生すると、加工面がうろこ状になるびびりとなり、

～工具突出し量と撓み～

撓み量（δ）の計算式

$$\delta = \frac{6.8 \times F \times L^3}{E \times D^4}$$

- 撓み量は長さの3乗に比例する
- 撓み量は太さの4乗に反比例する

- δ：撓み量
- D：軸径
- L：突出し長さ
- F：荷重（切削抵抗）
- E：ヤング率

エンドミルの撓み量（δ）

突出（L）	2倍	8倍
外径（D）	1/2倍	16倍

片持ち梁の撓み計算式

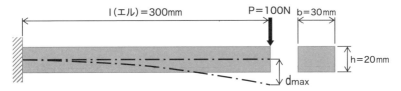

l(エル)   ： 方持ちばりの長さです。今回は300ミリ。
P   ： 方持ちばりの先端にかかる荷重です。今回は100N。
            おおよそ10kgfです。
h   ： 方持ちばりの断面の高さ。今回は20ミリ。
b   ： 方持ちばりの断面の幅。今回は30ミリ。
dmax   ： 方持ちばりの変形量

$$d\max = \frac{1}{3} \cdot \frac{Pl^3}{EI}$$

・E（ヤング率）＝206（GPa）
・I（断面２次モーメント）＝$bh^3/12$

被削材側では加工面がテーパとなる現象が発生する。または、これらの複合もある。

　切削加工に携わっている方々であれば、多かれ少なかれこの様な場面は経験していることであろう。そんな現象が起きたとき、皆さんはどの様に対処しましたか？　何処を変えますか？

　そこで思い出していただきたいのが、撓み量は長さの3乗に比例する。撓み量は太さの4乗に反比例する。この2つの文章です。一番効果があるのは4乗である軸径ですが、これは直ぐには変更できない。よって、次の有力候補はとなると突出しLである。

　まずは、**突出し量**を可能な限り短くする。これが最初の手順だと思います。これは、効果的面です。もし仮に突出しを今の半分に出来たとすれば、撓み量は3乗で小さくなるため、(1/2)×(1/2)×(1/2)＝1/8になるのですから効果大です。しかし、うまい話ばかりないのが世の中である。突出し削減効果によりびびりの解消が出来て、加工精度も安定したが、新たな問題が浮上した事例を次に紹介したい。

〈不具合発生事例〉

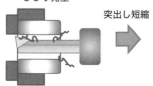

びびり発生
突出し短縮
工具鋼L/D＝4
L：突出し量　65mm
D：ツールホルダ径　16mm

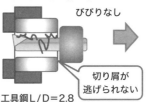

シャンクに切り屑が巻きつく
びびりなし
切り屑が逃げられない
工具鋼L/D＝2.8
L：突出し量　45mm
D：ツールホルダ径　16mm

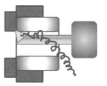

巻き付きなし・びびりなし
工具鋼L/D＝5
L：突出し量　60mm
D：ツールホルダ径　12mm

　最初の図は、L/D＝4　ツールホルダ径の4倍の突き出し量で削っている状況である。一般的に切削の世界で常識とされているのは、工具鋼のシャンクであれば、軸径の2～3倍までが限界。図は4倍の突き出し量であるため、当然びびりは発生する。私みたいな年寄り連中の会話では「刃物が踊る」などという表現をすることもある。刃先が食付きと逃げを繰り返すと創造でき、あたかも踊っているような印象を与えるのだろう。この時の切り屑は踊りによる抵抗差で意外と短く切れていることが多い。

　しかし、びびりが発生しているため、商品としては使えない。そこで、中央の図のように、セオリー通りL/D＝2.8≦3にする。確かにびびりはなくなるが、加工後半の切り屑が逃げ道を失い、内壁で暴れるために切り屑がツールホルダに絡まる。これを知らずに放置すると、切り屑の綿飴が完成する。せっかく加工した面を切り屑綿飴で磨くので、内壁は傷だらけになる。これもまた、商品としては売れない。この様に、1つ課題が解決しても、その弊害が出て次の課題が出てきてしまうので要注意。

　とはいえ、ここで諦めてしまうのはただの人。では思い切って軸径Dを大きくしてはどうか。こちらも切り屑が通る隙間が小さくなるので絡まないが切り屑がそっくり内径に残ってしまう。現状回避にはならない。むしろ軸径Dを現状より小さくして、切り屑の通り道を大きく取りたい。更に突き出し量Lは同等長さを確保したい。はてさてどうしたものか。

　ご経験のある方は最終図を見た瞬間に当たり前だよという言葉を漏らし

ているだろう。そう、思い切ってツールホルダ材種を工具鋼から超硬に替える方法。先図の式のヤング率（E）を変える方法である。

俗に、工具鋼のツールホルダは、軸径Dの2〜3倍までがL限界であるのに対し、超硬ツールホルダは軸径Dの5〜6倍までがL限界と一般的には言われている。この倍率の差を生むのが**ヤング率**である。

ここで、このヤング率って何？とおっしゃる方に解説しておこう。

〈ヤング率〉

> ヤング率は縦弾性係数（たてだんすうけいすう）ともいい、剛性を見る為のパラメータで、数字が大きいほど変形のしにくい材料ということになります。変形がしにくいとは、例えば、薄い板に曲げる力を加えた時、その板の「撓み」の大きさが小さいということと同じ意味です。つまり、ヤング率の大きい材料というのは、剛性が高い材料（変形しにくい、変形量が小さい）ということになります。

←　では、どれほどちがうか？
合金工具鋼ヤング率(E)　206GPa
粉末ハイスヤング率(E)　230GPa
超硬ヤング率(E)　500〜600GPa

超硬は合金工具鋼の約3倍のヤング率
超硬は撓みが3倍少ないということになる。

せっかく超硬に替えるのであるから、軸径Dは1サイズ小さい12mmを使用し、突き出し量Lは限界規定の5倍60mmとした。これは最初の工具鋼の突き出し量とほぼ同等。結果は最終図のとおり良好であった。また、切り屑は切削時の抵抗差が緩和されたためか、連続の切り屑となっていた。

この例から、とりあえず突き出し量を最小にして変化を見るが、内径加工は多々上記のような弊害がおこるため、設定時にこれらを見越した選定ができるようになるのが好ましい。だからといって、何でもかんでも超硬を使用するのは愚の骨頂である。メリハリをつけて使い分けていただきたい。

参考：ツールホルダ（シャンク）正式な計算式

●バイトシャンクに生ずる曲げ応力および刃先撓み量の計算

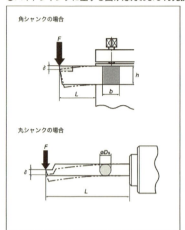

曲げ応力
(1) 角シャンクの場合

$$S_{(MPa)} = \frac{6 \times F \times L}{b \times h^2}$$

(2) 丸シャンクの場合

$$S_{(MPa)} = \frac{32 \times F \times L}{\pi \times \emptyset D_s^3}$$

刃先撓み量
(1) 角シャンクの場合

$$\delta_{(mm)} = \frac{4 \times F \times L^3}{E \times b \times h^3}$$

(2) 丸シャンクの場合

$$\delta_{(mm)} = \frac{64 \times F \times L^3}{3 \times \pi \times E \times \emptyset D_s^4}$$

- S ： シャンクに生じる曲げ応力 (MPa)
- F ： 切削抵抗 (N)
- L ： バイトの突出量 (mm)
- b ： シャンクの幅 (mm)
- h ： シャンクの高さ (mm)
- $\emptyset D_s$ ： シャンクの直径 (mm)
- E ： シャンク材料の弾性係数 (MPa)

（参考）Eの値

材料	MPa (N/mm²)	(kgf/mm²)
鋼材	210,000	21,000
超硬合金	560,000~620,000	56,000~62,000

ホルダの突き出し量は、スチールシャンクでは径○または□の辺の2倍まで、超硬シャンクでは5倍までが限度。

自分が自分であるために

　私はそうとう偏屈な人間だと思う。右を向けと言われて、ほんとうに右でいいんですねと言いたくなる。

　会社のトップが、「近頃、火災が多いので注意してください」と言うと上から下まで同じことを言う。オウムか九官鳥がいっぱいいるんだね。こんな状態だから基本、上からの命令は「はい」。

　そのくせ、部下には「何で出来ない。出来ない理由を報告書にして出せ」と強気で豪語する。挙句の果てに、部下が逆切れして「ではどの様な方法でやれば良いのですか」と問うと「それはお前が考えることだ」という。せめて仕事を請けるのであれば、その仕事が物理的に出来る可能性があるか、現状能力で対応ができるか等の判断をして「はい」と言ってほしいものだ。

　まあ、全員がそうかというとそんなことはない。ごく一部の方の例である。ただ、ここまで全部売ってしまったら人の価値としてはどうなのかな？

　能力と体力は売っても魂は売らない。魂までを売ったら自分が自分でなくなるから。

第21章 知ってるつもりで見落とすのが芯高

> 一般的にCNC旋盤はツールホルダを取り付けてインサートチップを装填すれば、刃先は主軸中心と同じになるように設計はされている。だが、ほんとうにそうかはどうやって判断するのかのお話し。

　通常、ターレット式のCNC旋盤では、指定された□の外径ツールホルダや内径ボーリングバーを刃物台に取り付けると、被削材中心とインサートチップの先端は、高さが同一になるよう設計されている。このとき、刃先は磨耗により徐々に後退し、**すくい面**および**逃げ面**の両方に磨耗痕跡が発生する。これが普通の状態である。同一高さであればこうなるはずであるが、絶対と言えないのが見ていない者の弱み。

　では、毎回加工する前に芯の高さを見た方が良いのかと言うとそうではない。そう簡単に狂うものではない。しかし、高くも低くも、ずれてしまったときには、ずれ量にもよるが加工精度に大きく影響する。

　まずは、日々の中でこのずれをどう発見していくかである。

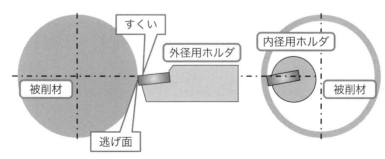

被削材中心に対して、刃先が下がってしまった（芯高が低い）ときに観られる現象。

すくい面の磨耗が激しく、逃げ面の磨耗は微少か認められない。

出べそ

端面切削で芯が低い場合は被削材中心の下側を刃物が通過するため、**円柱状**のへそが残る。

※この円柱の径をノギスで測定し、測定量の半分を敷き板等で調整する。

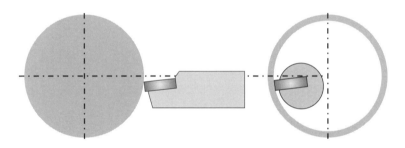

被削材中心に対して、刃先が上がってしまった（芯高が高い）ときに観られる現象。

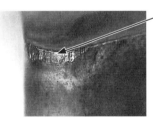

逃げ面の磨耗が激しく、すくい面の磨耗は微少か認められない。

端面切削で芯が高い場合は被削材中心の上側を
刃物が通過するため、**円錐状**のへそが残る。
または渦巻き状の擦れ跡が残る。

※逃げ面で加工するため加工面がくすむ。
　…切れていない！むしれている。

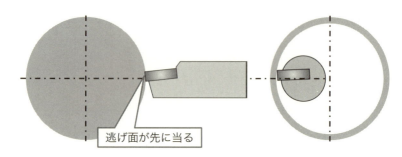

　日々の中で、この様な症状が見られたら、一度芯の高さを疑うのも手と考える。その他にも刃具寿命が極端に低下したとか面粗さが以前よりも悪くなったなどの現象もこれに起因する場合が多いため、日々の変化点も貴重な情報として管理して頂けるのが問題解決の近道と思われる。

　難しい話をしているが、大体この現象が起きる前に設備をぶつけたとかターレット旋回時に被削材と干渉した等の事象が主である。また、古い設備では、ターレット本体の自重でお辞儀をしているケースもある。だからと言って加工できないかというと、困ったことに加工は出来てしまうので、意外と見落としてしまうのが常である。

　これまでに、これを読んでいる皆さん、私も含め色々な情報を仕入れているため、知識が豊富になりすぎて一番基本的な芯高というシンプルな項目を軽視してしまうことがあるが、そして、色々いじくり回して泥沼にはまる。そうならないためにも忘れてはならない項目と私は感じている。

　さて、よく聴かれる質問として、被削材中心と刃先をピッタリ０に合せることは出来ないので、どのくらいの公差で合せたら良いのかと尋ねられることがある。

一般的にはシャンク径の±1％と言われている。例えばφ20の内径ボーリングバーを使用していれば、芯の高さ調整範囲はφ20×0.01＝±0.2㎜となる。ただし、内径ボーリングバーは突き出しを長くして使用するケースが多いので、そういった場合には、シャンクの撓みを考慮して、芯高は高めに設定するのが基本形である。

　昔の職人さんは、「内径バイトは径の1/50高く取り付けろ」などとよく言っていたが、現在シャンク材質も良くなっているので、±1％の上限界目安で良いかと考える。しかし、**ターレット式旋盤**では調整機能がないので、ひと工夫必要。

　工夫に関して個々にやり方・考え方が多々あると思われるので、各々考えてほしい。

　ここで、ターレット式旋盤の話が出てきたので付け加えておくが、先にターレット旋回時に被削材と干渉したといった事象の場合、ターレット本体と刃物台は大きな損傷を防ぐため、中間にクラッチ機構を設けている。よって、大きな負荷が掛かったときには、クラッチが滑り、刃物台が回転方向に逃げる（ずれる）。このような状態のときは、取り付けてある全ての刃具の芯高がずれてしまうので、刃具個々に調整するのではなく、ターレット側を調整する必要があるので注意いただきたい。

 どんなに良いとされる刃具を使用しても、芯の高さが違えば、イメージ通りの切り屑は生み出せない。痛い目を見る前に確認しておけ。

バイト芯高確認

　バイトの高さが旋盤の回転芯高に合っているか確認する方法です。実際に端面を切削してみます（左図）。バイト高さが低い場合は、端面中心部に円柱状のへそが残ります。逆にバイト高さが高い場合は、三角錐状のへそが残ります（右図）。へそが残ったらバイトの高さを合わせ直しましょう。

 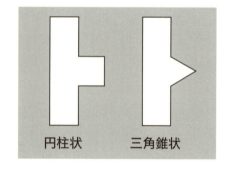

　心高が高いと外径切削の場合、逃げ面を擦ったり、低いと端面加工でへそが残ったりします。

　内径の場合、心高が低いと逃げ面が擦る場合もあったり、剛性が小さい穴くりバイトは切削抵抗で下がるので、高めに設定したほうがいいと思います。

　バイト等の刃先高さは回転中心と一致するのが望ましいのですが、一般的な許容差は直径の1％（φ50なら±0.5）とも言われます。

　内径の場合、心高が低いと逃げ面が擦る場合もあったり、剛性が小さい穴くりバイトは切削抵抗で下がるので、高めに設定したほうがいいと思います。

相棒はだいじにせーよ

　今の私があるのも、良き相棒に恵まれたことにある。性格は私と正反対なお方であるが、なぜか気が合う。昔はよく二人で徹夜の改善をやったものだ。設備が夜しか空かなかったので、気が付けば朝になっているなんてこともあった。良き友であり、良きライバルであり、良き兄貴である。

　私が表側の作業を始めると、相棒は何も言わず裏側の作業を始める。お互いに次にやるべき作業がわかっているので、言葉はいらない。阿吽の呼吸ともいえる。

　うまく行かないとき、一服しながら各々の考えをぶつけ合い、「では試してみるか」とまた始まる。

　あの頃は、仕事もきつかったが楽しかった。人間、一人では弱いもので挫折し易いが、二人になると重荷は半分になる。何度これで救われたかわからない。

　その相棒とは仕事を離れた今でも釣りの師弟関係でお付き合いさせていただいている。本人は自称「名人」と言っているが、実は「迷人」。

第22章 シリカ入り樹脂と鉄（SPCC）の同時切削。さて刃具は何使う？

> あちらを立てればこちらが立たず、なんてこと人の世ではよくあること。それは切削材料でも起きる。さてどちらを立てるか、上手く両者を取り持つ仲人はいるのかのお話し。

　下の図のように、加工は単純に外径を切削し、所定寸法に仕上げるだけの加工である。被削材の表面とスリット内はガラス入り（Si入り）の樹脂コーティングが施されており、所定寸法は積層の冷間圧延鋼板部分を径で1mm削る設定となっている。

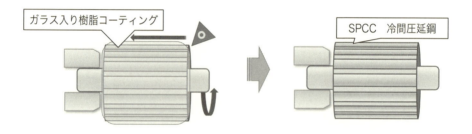

　簡単に言えば、ガラスを削って行って、途中から断続的に鉄を削る加工が入って来ることになる。ガラスの部分だけなら、ダイヤモンドの刃具をチョイスするのが妥当と考えるのが一般的。そこで、ダイヤの刃具を用意して削ってみた。思った通り、鉄の断続部分に入ると欠けを生じた、ノーズRを大きくすると、今度は磨耗が著しい。やはり、鉄との親和性（アンフィニティー）が良いので、ダイヤの主成分である炭素（C）が発熱により鉄へ拡散してしまうものと思われる。それでは、鉄系と耐親和性のある

超硬刃具で、非鉄の切削も考慮したＫ10種はどうか。耐熱性を重視してアルミナ系のセラミックスの刃具はどうか。単純に靭性のあるサーメットではだめか。等々、色々試行錯誤を繰り返してみた。

　結果はというと、どれも削れはするが、数十個加工すると、ザックリ境界磨耗が発生し、更にそれが進行すると欠損に至った。全戦全敗、もはやこれまでかと、トライした刃具をテーブルに並べて眺めていた。

　同じ様な境界磨耗で数十個の加工であるが、その中でも意外にもＫ10種がどんぐりの背比べで良いと見受けられた。だから何、と言われるかもしれないが、私としては、サーメットやセラミックスの方が優位と考えていたので、意外であったのだ。

　それからまた考え・眺め・ブツブツ独り言。周りから見ればあぶない奴である。たぶんこの様なときは俗に言う二重人格のとき、もう一人の自分と口論しているのだろう。私自身はあまり良く分からないのであるが。

　このもう一人の自分がふと言うのである。このザックリ境界の部分はガラス樹脂の部分のみじゃね？鉄との共削りの部分は磨耗が少なくね？　本物の私、どちらが本物かはわからないが、そう言われればそうだよな。と言うことは、ガラス樹脂の部分はダイヤで削って、仕上げの共削り部分はＫ種の超硬で削れば何とかなるかもしれないってことか！

　そうすれば、お互いの弱点を補えるわな。でも、刃先は断続加工とガラス樹脂による研削状態は変わらないから、Ｋ10種では長寿命は期待できないのではないだろうか？　もう一人の自分がまた口を挟む。だったらさ、もっと刃物を硬くしちゃえば良いんじゃねぇか？

　今の時代であれば硬質コーティングで補うか等の手もあるが、当時はコーティング技術も進歩しておらず、この様な見解が出たのだと思う。

　しかし、Ｋ10より硬い超硬は市販では出ていない。ではここで挫折するのか。ここまで来たら腹括るしかない。なければ造れば良いではないかと心を決めて、各メーカー代理店に電話を掛けまくった。

　天は我を見放せずＭ社に「カタログにはないが、Ｋ05種なら造ってますよ」と回答があった。探してみるものだよね。有ったよと自分でもびっく

り。早速に入手してテスト開始。ダイヤ刃具も超硬刃具も今までの10倍以上寿命が延びて量産適用が可能となった。今ではＫ05種も廃盤となりましたが、その折は大変お世話になりました。

　今は昔のまだ何もかもが進化の途中の頃のお話です。そして、苦しかったけど楽しかった時代の思い出である。そこには、固執して視野を狭くしていた自分があり、そのくせ、諦めきれずにもがく自分がいた。そして、一歩引いて視野を広くしたとき現場・現物・現実が微かな光を与えてくれた。大学教授であれば、様々な機器や数式を駆使して数値化し、回答を導き出すのであろうが当時は一般作業者である。ましては、量産が目前に迫っている。そんな状況下であったため試行錯誤するしかなかったのも事実である。

　ここで私が実感し学んだのは、我が師である先人のことばである「みるという字は色々あるが、物事の本質をみるのは看護の看るでなければならない。見る・視る・観る・診る・看るとあるが、ただボーっと見るだけでは何も変化しない、最低でも診断できる診るでなければだめだ。そして、処置後の経過まで確認できて仕事が完了するのが看るである。」ただのことば遊びかもしれないが、私はこのことばに救われたような気がする。

 固執して視野を狭く持つな。視野を広くしたとき現場・現物・現実が微かな光を与えてくれる。

所詮この世は理不尽にできている。
それを嘆くか？ それとも変えるか？

　サラリーマンを長くやっていると色々面白いことに出くわす。春先になると人事異動の季節になる。

　縁故人事やお友達人事、飲み屋人事とどう見ても不自然な人事異動に出くわすことがある。

　私にとってはどうでもよいことである。だって人事って「ひとごと」と書くよね。

　どこの会社だって多かれ少なかれあることだと思う。実力主義だのと表向きはきれいごとを言うが、蓋を開ければ派閥だのどろどろした人間関係が渦巻く。もともと理不尽に出来ている。

　それを嘆くだけなら、この大きな渦に飲み込まれて、自分が自分でなくなる。

　そもそも、嘆くということは、今の組織の中でしか生きられないと思っているからではないだろうか。

　ではどうするか。己の技術を高め、技能を磨き、世界で通用するスキルを身につけたら、選択肢は広がる。辞めて事業を起こすもよし、残って押しも押されぬプロとして発言権を得るのもありだと考える。まずは自分が食べていけるだけの技量を身に付けよ。さすれば、自ずと変わる。

第23章 超硬ドリルの寿命はコーティング有無で大きく変わる

> これほど違うかコーティングの威力。全てがISO基準で出来ていないのドリル。私これで失敗しました事例です。まだまだ知らないこと多いな〜と思う出来事でした。

　下の写真のように、ドリルによる孔空け加工の話です。本題のコーティングへ入る前に、この孔空けにまつわるエピソードを付け加えておこう。

6箇所

ピッチゲージと各孔はピンゲージ通り・止まりで管理されている。

　写真を見るからには、単純に貫通孔を空け、次に座繰りを追加工したものである。厚さは9㎜であるためドリル径の1.5D程度であり深穴加工でもない、と思っていたが、穴は穴でも落とし穴という穴が隠れていた。
　この空けられた孔、φ7.0〜7.1と図面公差が0.1㎜しかなかったのである。今は変更されてφ7.1±0.1㎜となっています。
　さて、使用するドリルの呼び径はというと、センターを狙うのであればφ7.05のドリルとなる。しかし、一般的にはドリル呼び径は0.1㎜きざみ

である。すぐに手に入るのはφ7.0かφ7.1、さてどちらを購入するか。

　ここでいつもながら登場するのが、もう一人のわたし。「普通、ドリルの振れも加わるから、孔は大きめに空くのでφ7.0を使っておけば問題ねえよ！」と言う。確かに1/100〜2/100程度大きく出る。経験上はそのとおりである。そうだそうだ思いつつφ7.0超硬コーティングドリルを購入。早速にテストカットを実施した。まずはピッチゲージによるチェック。入りそうで入らない。ピンゲージによる各孔の通りチェック。こちらも通りが通らない。あれあれ！予想に反して孔自体が小さくなっちゃった。何で？

　そこへ現れたのが謎の中国人、いや謎の台湾人の李さん。台湾の方に言わせると「同じ民族ではあるが、大陸と台湾では思想も文化も異なるので、一緒にしないで欲しい」と言われた。台湾文化や思想に誇りをもっていることが強く伝わってくる。

　そんなことはどうでもよいのであるが、その李さんいわく、「山下さんの選定したドリルは日本製ですよね。同じφ7.0ですが、イスカルを使ってみますか」という。元々が**ISO規格**だと思っている私は、同じではないかと言うと、李さんはつづけて「そう思うでしょう。しかし、ヨーロッパ系のドリルメーカーは**DIN**をベースに製作しているので、**JIS**がh7マイナス公差に対してイスカルはプラス公差で造られているんですよ」という。さっそくイスカルで再トライを実施。なるほど、孔径はφ7.020近辺でプラス側で推移した。

　後の調べで分かったことだが、ドリル径のJIS標準はh8、日本メーカーはh7標準で造っている。それに対して、ヨーロッパ系のグーリング（ドイツ）・イスカル（イスラエル）・サンドビック（スウェーデン）はm7相当の標準で造っているらしい。

　次ページの表と照らし合わせてみても、加工トライ時の出来映え寸法と合致する部分があり、なるほどと言わざるを得ない。

　裏を返すと、トライ設備のツール保持精度・設備剛性等は良い状態であるとも言える。

| 公差 | 直径 | H5 | H7 | H8 | H10 | m5 | m7 | h5 | h6 | h7 | h10 | e8 |
超え	以下											
	3	+4 0	+10 0	+14 0	+40 0	+6 +2	+12 +2	0 -4	0 -6	0 -10	0 -14	-14 -38
3	6	+5 0	+12 0	+18 0	+48 0	+9 +4	+16 +4	0 -5	0 -8	0 -12	0 -48	-20 -38
6	10	+6 0	+15 0	+22 0	+58 0	+12 +6	+21 +6	0 -6	0 -9	0 -15	0 -22	-58 -47
10	18	+8 0	+18 0	+27 0	+70 0	+15 +7	+25 +7	0 -8	0 -11	0 -18	0 -27	-32 -70 -59

日本メーカー標準h7
JIS標準h8
グーリング・イスカル・サンドヴィック標準m7相当

そろそろ本題に入ろう。

上記の孔径問題も解決し、さて量産をし始めた。当初は新品のドリルを使用しているため、そこそこの工具寿命が確保できた。そのため、私も現場に引渡しを完了して退散。

数ヶ月経って、現場からメールが入り、ドリルの寿命が立上げ当初の1/3まで低下している。何が原因か教えて欲しいとの内容であった。海外拠点からのメールであったため、状況が判らずとりあえず写真を送っていただくことにした。下がその写真。

〈変化点考察〉
①立上げ当初はコーティングドリルを使用していたが、コーティングなし。再研削(リグラインド品)?
②切れ刃への構成刃先発生あり。
③チゼルポイントに欠損あり(スラスト抵抗大か?)。
④シンニングが施していない。
⑤当初選定したドリル形状とちがっている。

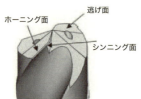

以上の項目を再度問い合わせし、回答が以下。
・ドリルの値段が高いので現地刃具メーカーから超硬ドリルを購入した。
・立上げ当初品を再研削し使用したが、同様の短寿命結果であった。
・再研削(リグラインド)は現地業者に出している。

この回答から想定できる短寿命要因は、
要因1.刃先形状、逃げ面の取り方、シンニング無、リップハイト誤差、粗さ等の悪さが影響する場合
要因2.刃先へのコーティング有無による発熱差が影響する場合。
要因3.要因1.2.の両方が影響している場合。

そこで、この想定要因を検証するために次のようなドリルを作製し加工テストを実施していただいた。

要因1検証用：先端角135度・3レーキ・Xシンニング・ノンコート。
　⇨　立上げ当初の新品コーティング品の1/2の寿命

要因2検証用：先端角135度・3レーキ・Xシンニング・TiAlN系コート。
　⇨　立上げ当初品同等以上

この結果より、寿命悪化原因の20％程度は形状によるものと判断されるが、半分の50％は高いからとコーティングを廃止した目先の金に目がくらんだ愚か者への罰と考える。私自身もこれほどコーティングが寿命に寄与しているとは思わなかった。

ドリルも奥が深いと今更ながら考えさせられる出来事でした。

ドリルはどの国の規格で造られているかによって、同一サイズのドリルでも孔径は違って来るので注意！JIS標準h7、DIN標準m7相当。

再研削・ノンコート品の性能

従来は再研削後に再コーティングをせずに使用される場合もありました。しかし、最近は各社とも超硬合金母材を折れにくい材料に変化していることから、コーティングを実施しない場合には使用環境により著しく寿命が低下することがあります。その一例を以下に紹介します。

●再研削のみでの加工試験

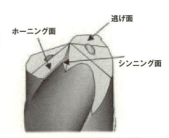

再研削によって母材が露出する面

再研削のみの場合には切削に関与する部分としてホーニング面とシンニングのすくい面が超硬合金母材が露出することになります。この状態で、炭素鋼を加工した結果、各社とも３０穴以下という初期に切れ刃に大きな欠損が生じ、加工不能となりました。

この場合、被削材の凝着による剥離欠損であることから切削油を例えば油性などの潤滑性の高いものにすることで現状よりも延長することは可能ですが、安定して長寿命を行う場合には再コーティングを実施する必要があります。

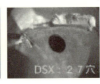

ドリル径：φ8.0mm
被削材：炭素鋼 S45C
機械：立形 M/C
切削油：水溶性（5%）塩素フリー
切削条件：Vc=110m/min
f=0.3mm/rev
穴深さ=40mm

●再コーティングの影響について

コーティングが性能に与える影響は大きいことから、基本的にはメーカでの再コーティング処理を推奨します。通常は、再コーティングを行うたびにコーティングの膜厚が大きくなることから、寿命は短くなる傾向があります。その数値は加工状態や環境によって大きく変化する傾向があることからお客様毎に管理値を決めて、定期交換する必要があります。

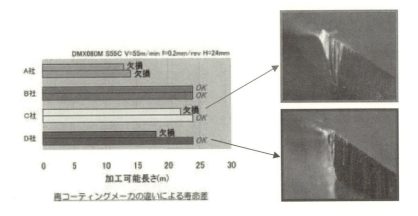

再コーティングメーカの違いによる寿命差

ドリルの損傷について

この項ではドリルの損傷について実際の損傷写真をもとに、損傷形態から推定される原因と損傷が発生した際にチェックする項目を示します。

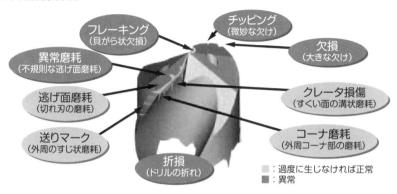

●損傷の見方

損傷の観察にはルーペや実体顕微鏡、工場顕微鏡、ビデオマイクロスコープなどをもちいます。次ページ以降に各位置から見た損傷写真を示しますが、どの様に見ているかを以下の図で説明します。

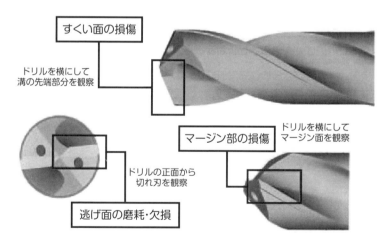

ドリル許容差は先端部の数値であり現実にはドリルの直径はシャンクに向うに従って、長さ100㎜について0.04〜0.1㎜細くなっています。これをバックテーパと称します。

日本のメーカーのものはJIS規格ストレートシャンクドリルB4301に載っているh8に準じているようですが、ヨーロッパのメーカーのものはh8では無いものが有ります。

JIS B 4301のオリジナルは、ISO 235です。ISOは、国際標準ですが、それをもって、各国で製造される製品を統制することはできません。

JIS規格

基準寸法の区分(mm)		軸の公差域クラス b9〜hg												
を越え	以下	b9	c9	d8	d9	e7	e8	e9	f6	f7	f8	g5	g6	h5	h6	h7	h8	h9
-	3	-140 -165	-60 -85	-20 -34	-20 -45	-14 -24	-14 -28	-14 -39	-6 -12	-6 -16	-6 -20	-2 -6	-2 -8	0 -4	0 -6	0 -10	0 -14	0 -25
3	6	-140 -170	-70 -100	-30 -48	-30 -60	-20 -32	-20 -38	-20 -50	-10 -18	-10 -22	-10 -28	-4 -9	-4 -12	0 -5	0 -8	0 -12	0 -18	0 -30
6	10	-150 -186	-80 -116	-40 -62	-40 -76	-25 -40	-25 -47	-25 -61	-13 -22	-13 -28	-13 -35	-5 -11	-5 -14	0 -6	0 -9	0 -15	0 -22	0 -36
10	14	-150 -193	-95 -138	-50 -77	-50 -93	-32 -50	-32 -59	-32 -75	-16 -27	-16 -34	-16 -43	-6 -14	-6 -17	0 -8	0 -11	0 -18	0 -27	0 -43
14	18																		
18	24	-160 -212	-110 -162	-65 -98	-65 -117	-40 -61	-40 -73	-40 -92	-20 -33	-20 -41	-20 -53	-7 -16	-7 -20	0 -9	0 -13	0 -21	0 -33	0 -52
24	30																		

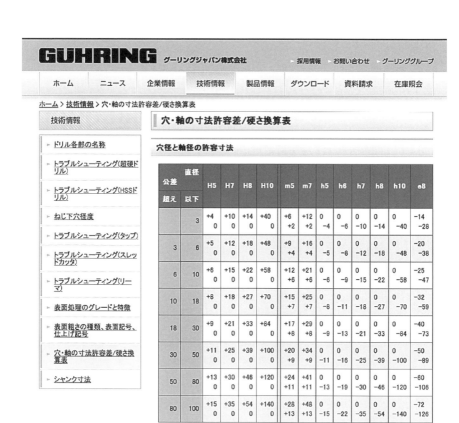

　サンドビック、グーリング、イスカルといったメーカーのカタログを参照してみてください。

〈参考資料〉
・グーリングジャパン株式会社　ホームページ

現場の笑顔が皆を幸せにしてくれる

感謝を表すには長い言葉は不要である。
　　　「ありがとう」と家族に５文字
　　　「ああ、ありがたい」と天に７文字
　　　「ありがとうございます」と人に１０文字
たったこれだけの言葉で人は幸せになれる。

　上の文はどこかで読んだか見たか、記憶の片隅に残っている文章だ。全くその通りだと思う。

　仕事上、現場へ赴くことが多いが、目的の場所以外の現場も見て廻る。もともといた工場であるため、顔見知りもたくさんいる。皆気軽に声を掛けてくれる。ありがたいことだ。
　その日も、昔苦労した設備のそばを通りかかると、昔若手、今は中堅の主任さんが私を見つけて跳んできた。「お久しぶりッス、ちょうど良いところに」という。
　何がちょうど良いのか分からないが、話を聞いてみると、切り屑が被削材に巻き付いて、搬送ハンドで掴んだときキズになったり、掴み損ね

てチョコ停を起こしているという。5分ほど様子を見ているとなるほどそうなる。

　設備を止めてもらい、現象の切り屑と使用刃物そして加工プログラムを照らし合わせていると、「あ〜ここの切り屑だ」と原因となるプログラムの個所がわかった。「ここの引き上げの加工だと、この刃物ではブレーカーが効かないから切り屑は伸びるんだよ」と説明した。主任さん「で、どうしたらいいんですか？」お前回答まで俺に言わせるのと思いながら、「引いてもダメなら押してみれば」というと、更に主任「で、どこ直せばいいんですか？」「もう〜今プログラム直すからそれでやってみ」と変更して加工を始めた。その後、同様に確認をしたが絡みなし。

　ほんの10分程度のことであるが、主任さんは最後に深ぶかと頭を下げ「あたッス」と一言、その顔は笑っていた。

　これを書きながら気付いた。「あたッス」は4文字しかないね。

チャックしないで旋削加工するには？

> 旋削や転削（旋盤やマシニング）だけ見てると固定観念でできないと判断してしまうことがあるよね。でも、他分野の加工の応用でできる事ってある。今回は昔ながらの円筒研削盤からヒントを得た。

下図のような部品がある。材質はADC6アルミダイカスト品である。一般的にアルミのダイカストに多く使用されているADC12よりも純アルミに近い被削材である。加工としては端面を切削加工するだけの単純な加工である。しかし、材質がADC12よりも粘る材質であるために、構成刃先が出やすくなるものと考えられる。もう一つの懸念事項は下図にもあるように平面度が5μ以下という規格である。

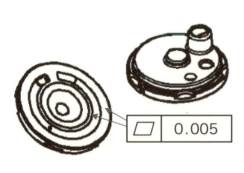

工程能力を確保しようとすると安定して3μをキープする必要がある。更に、心配なのは、この平面度を量産の中でどの様に測定するのかといったことを含めると、加工はできても保証ができない可能性も出てくる。まずは測定機器を何で正とするかを決める必要がある。当時、そんなことを論議しながら喧々囂々とバトルした思いがある。

さて、測定は別として、こちらはまず加工が出来るか出来ないかを確認しなければならない。一般的にはコレットチャックを使用するか、更に精

度を上げるなら**ダイヤフラムチャック**にするかである。

普通に考えると以下の図のような加工となる。

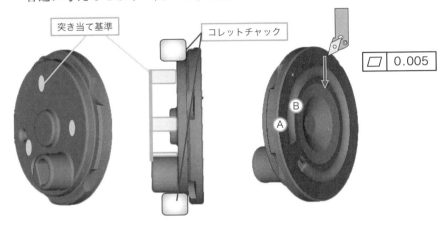

実際に加工してみると、加工は可能である。しかし、○Aと○Bの段差が5～7μあり、○Bが低くなっていた。

チャックによる変形とチャック開放時のスプリングバック現象と考えられる。チャック圧を限界まで下げたが、多少良くなる程度でバラツキが大きくなった。それも困るので、チャックをしないで加工する方法はないか1週間悩んだ。

悩んだところで早々に回答が出るわけでもなく、現場をふらふらと歩いていると、円筒研削盤が目に入った。懐かしく思い、昔はケレを付けて両センターの手付けでやっていたんだよな～。今は自動で片側はチャック、反対側はハーフセンターだけど。

などと眺めていると。あっ！同じ手が応用できるかも。ケレ代わりの煙突も付いてるし。

研削盤を観ながら切削を考えている私も変だが、とりあえずチャックしないで加工できそうな玉見っけ。

それから、設備メーカーと度重なる打合せを経て加工テストまで漕ぎ着

けた。最初の打合せで、設備メーカーから言われたのが、「チャックしないで削れとおっしゃっても、山下さんはどう構想しているのですか？ 通常では無理ですよね」そこで今回の構想を話すと「その手がありましたか、だから当社のこの設備仕様なんですね。面白そうですね」という返事が返って来た。

そして、設備が完成し、いよいよテストカット。下図はその当時の加工方法。

結果、○Aと○Bの段差が2～3μとなり、何とか規格に収まるレベルになった。現在ではこの公差5μも8μに図面修正され、ダイヤフラムチャックで成立できるようになっている。出来れば、こんな苦労せずに当初から公差緩和しておいてくれたら良かったのにと思うが、新機種立上げ時は、設計として心配でついつい公差を厳しくしてしまうので、ごめんなさいとの謝罪はあった。でも、私の頭の白髪が一気に増えたのはこれが原因だと思う。馬鹿な私が何時になく頭を使ったせいで知恵熱ではなく知恵白髪が

出ちゃったのだと思われる。

　ですが、実際に考えているときは、苦しい半面楽しい時間でもありました。えっ？お前はマゾかって？　いえいえ、私はただのサラリーマンです。

  切削だけ知っていても事は解決しない。他分野に解決の鍵があることも多い。切削に限らず日々の中で見る目を養え。

第25章 ゆりかごから墓場までの覚悟で設備は入れるべし。

> 設備を導入するということは、その設備の保証人になるのと同じ。承認した奴らは責任を取らないのが現実。ならば「腹を括って入れろ」というのがこのお話し。

　私も色々なメーカー（日本製・海外製）の設備を選定し、検証し、導入してきたが、全てがうまく行った設備はひとつもない。工作機械は人間と同じように個性をもっている。また、面白いことに遺伝もある。更に戦う相手が毎回異なるので、1パターンの戦法は通じない。よって、扱う部品によって、設備・刃具類・治具類・クーラント・保持機能・検出機能等を組合わせて、懸念事項の対策を盛り込んで設定する。しかし、様々な状況を想定しているにもかかわらず、意に反してうまく行かないことは起きる。まだまだ私も甘いと反省させられる。まあ、こんなことで意気消沈していてもしかたがないので、攻め込まれたら攻め返すだけのこと。

　毎回こんな攻防を繰り返している。毎回のことであるため、馬鹿な私でも少しは学習能力も高まり、あるメーカーの設備は、必ず1500回転付近に共振点を持っているとか、このメーカーは設備剛性は良いのだが、ローダー走行時のイナーシャーが大きい等の癖みたいなものが見えてくる。この貴重な情報の積み重ねが次につながる。こういった情報は誰も教えてくれない。自分が体験し、失敗した数だけ賢くなっていく。今ではだいぶましになったと自負している。

　さて、愚痴はともかくとして、こうした四苦八苦しながら生産現場での

良好な加工ができる状態で導入しているが、時として不具合が発生することもある。そのときに必ず言われるのが、「山下さんが入れた設備です！」と名指しで言われる。導入して15年経過した設備でさえ問い合わせが来る。部下に聞く方の上司も聞き方が悪い。15年も使用して「誰がこんな設備を入れたんだ」はないよね。

　だが、これが現実である。情けない話であるが、何年経とうが当時の担当者に問い合わせがくる。私から言わせれば、毎日使用している生産担当者が一番その設備が分かっていると思われる。これとは逆の話もある。当時、冷鍛部品を旋削加工するのにCNC旋盤が必要になった。裏表の2工程の加工である。予算は1300万円程度しかない。精度が厳しい部分もあり着座検出機能は必須と考えられた。今では当たり前に使用している着座機能であるが、当時は知る人もなく、おそらく弊社では初めての試みだったと思う。世の中には出ていたが、まだ、普及し始めの時期であった。どうしても着座は保証のためにも入れておきたい。

　設備2台分＋ガントリーローダー分では予算不足。着座を付けて1300万円でローダー付ということで、探しまくって辿り着いたのが2スピンドル1ターレットのローダー付＋着座オプション含むの設備である。それも、何度も交渉しやっと1450万円で折り合いがついたと記憶している。やっとの思いで入れた設備であるが、この譲れない着座が災いをもたらした。導入当初は順調に稼動していたが、1次加工側の冷鍛型も磨耗してくる。

　磨耗すると各コーナー部の隅Rは大きくなってくる。このRが規格上限になってくるとCNC旋盤側のロケーターの突き当てピンと干渉する。当然ながら干渉した部分は浮きが発生するため、着座がNGとなり、赤シグナルが点灯し設備が停止する。

　プレス金型の更新が近づくと、頻繁に着座NGで設備停止が発生する。ちょうどその頃、どこぞの役員様が工場視察にやってきて、停止した設備を見て毎度のお言葉「こんな設備、誰が入れたんだ」とオペレータに怒鳴ったらしい。

　止まったから設備が悪いと決め付けるのはどうかと思われる。当時は私

も若かったので、後日オペレータからこの話を聴いて激怒。「どこのどいつか知らんけど、なんぼの者じゃい！ 誰やそのアホは！」とオペレータに尋ねた。

オペレータ 「この設備は山下さんが苦労して入れたのを俺も知ってますよ。だから余計に腹が立って、つい言っちゃったんですよ」
私 「何て言ったの？」
オペレータ 「あんたにこれ以上の設備が入れられるのですかって。」
私 「おいおい、またきついこと言っちゃったね！ そしたらお偉いさんどうした？」
オペレータ 「いや〜、嫌な顔して行っちゃいましたよ。」
私 「そっ、そうか。」

今まで、カッカしていた自分が急に呆気に取られていた。ここで、ありがたかったのは、日々使っている人達が悪い設備ではないと感じていてくれたことだ。どんなに偉い方々に褒められるよりも、日々使っている人達が悪くないと感じていることが、私にとっては最大の褒め言葉あった。

こんな出来事があって、どうせ良ければ「私がやらせました。」悪ければ「あいつがやりました。」と言われる。それならば、全て受けて立つ。日々使っている人達には今回のような迷惑を掛けられない。誰が入れたと問われたら、私山下が入れた設備ですが何かと胸を張って言える覚悟を決めた瞬間でもあった。

余談になるが、私はメーカーに設備がある段階での立会い検証には時間を使う。設備精度・加工精度・操作性・安全性・保守性等における検証、更に自分で加工してみての感覚、切り屑や刃具の磨耗状態評価に至るまで行う。悪さがあればメーカーの工場出荷を遅らせても修正していただく。なぜか？ 自分が納得いかないものを、現場で一生懸命にものづくりしてくれている人達に胸を張って薦められないから。ただそれだけのこと。そしてまた、皆の笑顔が見たいから。

設備は色々な角度から検証して導入せよ。金額だけで入れるのはど素人、入れるからにはそれなりの覚悟が必要だ。

ほんとうの親切って何？

　インドの工場での出来事です。出張でインドへ設備構築に行った際、まだ工場内で工事中のところがあり、女性や小さい子供も働いていた。子供が寄ってきたので、思わず持っていたクッキーを日本語で、「皆で食べな」と渡した。

　そばにいた通訳の人が、「山下さんの優しい気持ちは分かるがやめてもらいたい」という。

　なぜかと聞くと、「そのときは子供は喜ぶでしょう。しかし、親である彼女らはその日食べていけるお金すらないこともあるんです。」「もし、子供がクッキーを食べたいと泣いたら、彼女はどんな気持ちになるでしょう」と言われた。

　そうだね、ごめん、と自分の考えの甘さを教えられた一瞬であった。

　人材育成においても同じようなことが言える。会社も大きくなると昔の徒弟制度は無くなり、教育と称した集合訓練が主流になった。大勢を集め講習会を開き、何人に教えましたと実績として上げる。これは教える側のエゴではないか？

　何人に教え、何人が理解し、最終的に何人が使えるようになったかが実績ではないか。

私はもともと意地が悪い性格なのか、ヒントは教えるが回答は教えない。それが良いか悪いかは受け取る側の自由だが、人間はたやすく手に入れた情報は、簡単に忘れるものだと思う。ヒントをもとに自分で調べることによって、自分のものにして使ってもらいたいからだ。
　我々の仕事は使えてなんぼ、造ってなんぼの商売なのだから瞬時に体が反応するぐらいのスキルがなければ通用しない。自分のものにしないと通用しない。よって全てを教えるのは真の親切とは思わない。教えない親切だってありだと思う。
　まあ、うちのエース達にとっては、ろくでもないおっさんだと思っているだろうし、めんどくさいおっさんなんだろうね。私と同じようなおじさんが3人揃えば、「3匹のおうさん」ならぬ、「めんどくさいおっさん」シリーズができるかも。

第26章 加工時間短縮！ 切り屑が出ている時間以外はムダと心得よ！

> 皆さんにマシンサイクルタイムはと聞けば、すぐに何秒ですと答えられるだろう。ではそのサイクルタイムの中で、お金になるのは何秒と尋ねたらどうだろう。そんな泥臭いお金の話し。

　昔、ある人からこんな話をされたことがある。その話というのは、「山下さん、ものづくりを一言で表すとどんな作業になるかわかりますか？」という質問から始まった。通常、良いものを安く、早く、安全に造り出すのがものづくりと考えますがと答えると、更にその人は「そのとおりです。しかし、私の質問はどんな作業になるかというもっと単純な言い方です。」単純？　シンプル？　作業？？？？　頭の悪い私はすぐに白旗を揚げた。
　その方に言わせると、ものづくりとは＝入れて・変えて・出すという作業で、この３つの作業のうち、付加価値を生むのが変えての部分であり、付加価値が付くから金になる。商売になるということだそうだ。また、変わるとは形であったり、硬さであったり、粗さであったり、温度であったりと物理的に変化がなければならないということらしい。思わず私もなーるほどと納得した。

　さて、そう聞くと、切削バカの私、またはこれを読んでいる皆さんは、切削加工ではどうなのだろうと考えてしまうだろう。
　切削で変えると言ったら形・粗さ・寸法等であるが、これらを変えている瞬間は何かと言うと**切り屑が出ている瞬間**に他ならない。逆に考えると

切り屑を出している時間以外は全て金にならない無駄仕事ということになる。

ただ、着脱はどうしても必要となるので、この部分に関しては必要悪ということになるのであろうか？

一般的によく言われているのは、**加工サイクルタイム**に対し、正味の**加工時間**（切り屑が発生している時間）は1/3程度といわれている。良くても1/2。そう考えると、少なくとも加工時間の半分は金にならないということになる。

例として、下の工程1と工程2を比較してみよう。

工程1

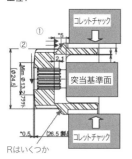

Rはいくつか

切削距離が短いことと、加工回数が全4回であるため、切削時間よりローディング時間の方が長くなり、切り屑を出している時間は全体の30％にも満たない。

加工設備	c/t	19.5 sec
	切削時間	4.4 sec
	アイドルタイム	5.1 sec
	ローディング	10.0 sec
設備全体働き率		22.6％

工具	工程	取り代	加工径 mm	切削速度 m/min	切削長 mm	送り mm/rev	主軸回転 min-1	切削時間 sec	切削距離 (m)	アイドルタイム				ローディング
										チャック	起/停	T交換	その他	
T1	①	外逃荒		25.0	125.6	4	0.15	1600	1.0	2.1		1	1.5	1	10
		外逃荒	0.2	25.0	125.6	4	0.1	1600	1.5	3.1				0.3	
		端面仕上げ	0.5	30.0	122.5		0.15	1300	0.7	1.4				0.3	
				25.0	125.6			1600							
	②	端面仕上げ	0.5	26.0	122.5		0.2	1500	1.2	2.5					
				7.0	120.9			5500							

工程2

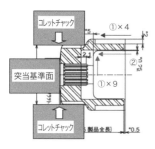

内径端面を9回引いているにもかかわらず、切削時間（切り屑を発生させている時間）は約60％に満たない。

加工設備	c/t	51.7 sec
	切削時間	29.8 sec
	アイドルタイム	11.9 sec
	ローディング	10.0 sec
設備全体働き率		57.6％

工具	工程	取り代	加工径 mm	切削速度 m/min	切削長 mm	送り mm/rev	主軸回転 min-1	切削時間 sec	切削空走距離 (m)	チャック	起/停	T交換	その他	ローディング
T1 ①	内径端面荒	0.5	19.0	83.5			1400	1.2	1.7		1		1	10
			6.5	81.6			4000							
	内径端面荒	0.5	19.0	83.5		0.15	1400	1.2	1.7				0.3	
			6.5	81.6			4000							
	内径端面荒	0.5	19.0	83.5		0.15	1400	1.2	1.7				0.3	
			6.5	81.6			4000							
	内径端面荒	0.5	19.0	83.5		0.15	1400	1.2	1.7				0.3	
			6.5	81.6			4000							
	内径端面荒	0.5	19.0	83.5		0.15	1400	1.2	1.7				0.3	
			6.5	81.6			4000							
	内径端面荒	0.5	19.0	83.5		0.15	1400	1.2	1.7				0.3	
			6.5	81.6			4000							
	内径端面荒	0.5	19.0	83.5		0.15	1400	1.2	1.7				0.3	
			6.5	81.6			4000							
	内径端面荒	0.5	19.0	83.5		0.15	1400	1.2	1.7				0.3	
			6.5	81.6			4000							
	内径荒	0.5	19.5	79.6	18.5	0.15	1300	5.7	7.6				0.3	
T2	外径荒	0.5	28.0	123.1	4	0.15	1400	1.1	2.3			1	1	
	外径荒	0.5	27.0	127.2	4	0.15	1500	1.1	2.3				0.3	
	外径荒	0.5	26.0	122.5	4	0.15	1500	1.1	2.2	バリ除去のため逆転			0.3	
	外径仕上げ	0.5	26.0	147.0	4	0.1	1800	1.3	3.3				0.3	
	内径端面仕	0.5	19.5	98.0		0.1	1600	1.6	2.7		1		1	
			6.5	98.0			4800							
	内径仕上げ	0.5	20.0	100.5	18.5	0.1	1600	6.9	11.6				0.3	

以上の例でも解るように実際の加工（切り屑を出している時間）は、平均して全体のサイクルタイムの半分以下程度であることがわかる。では、このサイクルタイムを短縮するための攻めどころは何かを考えてみよう。

第1工程はローディングが長いので、ここの空走距離を縮めることを考える必要がある。しかし、実際に短縮できたとしても、ネック工程は第2工程であるために、効果としては出てこない。

さて、問題の第2工程はと考えると、内径荒加工9回と外径荒加工4回はいただけない。実際に切り屑を出しているのであるから、付加価値を産む時間であると思うが、1回で済む加工を2回に分けて加工するのはムダと言わざるを得ない。通常であれば、付加価値を産まない**アイドルタイム**や**ローディング**の部分を詰める工夫をするのが常套手段であるが、このケースの場合付加価値時間のムダが、アイドルタイムのムダを産む悪玉コレストロール状態になっているように見える。よって、原因となっている内径荒加工9回と外径荒加工4回の各回数を半分にすることで加工時間は格段に減少することができる。実際に粗切削切り込みが0.5㎜は少なすぎる。ノーズR0.8で切り込み1～1.5㎜、送り0.2㎜/revでも充分通用する。更に、この被削材はSCM415の冷間鍛造品であるため、鍛造型を修正する気持ちがあれば、外径仕上げ、内径端面仕上げ、内径仕上げの3つの加工で終了できる可能性もある。

まさしく、第2章で出てきたニアネットシェイプ化ができていない品物といえる。今回の事例は加工条件設定の甘さと削り代の多さがやたらと目だったが、先ほど述べたとおり、通常はアイドルタイム短縮のために**エアーカット**を少なくするとか、ツール旋回を減らすために**統合**するとか、第2原点を設定して、最小の戻し位置に設定するとか等の骨身を削る短縮方法を、泥臭くおこなって1秒、2秒を稼ぎ出すのが常である。

ものづくりを一言でいうと、「入れて⇨変えて⇨出す」作業。お金を生むのは変えての部分。それ以外は全てムダと考えよ。

第27章 加工時間短縮と刃具寿命アップは犬猿の仲

> CNC旋盤をお使いの方が加工時間短縮するのに安易にやるのが、切削速度または回転数をアップさせる方法。手っ取り早いがその反面刃具寿命は極端に低下する悪影響のお話し。

どこの加工職場でもあると思われるが、毎年コストダウン要求があり、毎度毎度上層部から言われることは、「生産性を上げろ。加工時間を半分のサイクルタイムでやれ。残業はするな。経費節減のために刃具寿命は2倍に延長しろ。」等のお達しが出る。

第26章でも述べたが、通常はアイドルタイム短縮のためにエアーカットを少なくするとか、ツール旋回を減らすために統合するとか、第2原点を設定して、最小の戻し位置に設定するとか等の骨身を削る短縮方法を、泥臭くおこなって1秒、2秒を稼ぎ出すのが常。

昔、工作機械メーカーの課長さんに聞いた話であるが、某有名企業のD社さんより1台の設備の加工サイクルタイムを1秒短縮して欲しいとの依頼があったそうだ。報酬は300万円。調査に必要な機器は全て貸し出す。このような条件であったそうだ。それともう一つの制約条件として、加工条件は一切変更しない。これが要件であった。

工作機械メーカーも設備のプロである。おいしい話とばかりにいそいそ請け負って出かけたそうな。調べてみてびっくり。通常、我々が考えそうなスピンドルの立ち上がりや早送りのゲイン、エアーカット等もしかり、全てに手が入っていた。

しかし、メーカーとしても意地がある。何か他にないかと観ていると、プ

ログラムは教科書に載るようなG00早送りとG01加工送りを繰り返すようなプログラムであったそうな。昔のファナックの制御は、このG00とG01の切り替え時に微少ではあるが、読み取りのタイムラグを生じる。そこで、G00の部分をG01に変更し、1回転当りの送りFを2.0㎜/revと変更して、切り替え時の読み取りタイムラグを無くしたという。私も過去にこの手は使わせていただき、大変助かった。今の制御は先読みで読み取りスピードも早いので効果はないが、当時は知る人ぞ知る裏技である。それでも1秒の壁は高く、再度各項目を0.0何秒の調整をして、合せ技で1本ならぬ1秒をもぎ取ったという。

　スリム化され、ムダが省かれた設備の時短は本当に難しい。このケースからして、最初に提示された加工条件を一切変更しないというところに味噌がある。例えば、今、設備仕様としてMAX4500回転のCNC旋盤を使って、実際の加工条件は2000回転で加工していたとしよう。加工サイクルタイムは10秒。正味（切り屑が出ている）時間は、そのうちの3秒。設備仕様としてはMAX4500回転であるので、使用回転数を4000回転で使用したとすると、CNC旋盤の場合、通常毎回転送りが標準となるため、回転数を2倍にすると正味の加工時間は1/2になる。そうすると、3秒の1/2＝1.5秒となり1.5秒のサイクルタイム短縮ができる。簡単ジャン！と思うかもしれない。そう思った人はまだまだド素人。回転を2倍にするということは切削速度も2倍になるということである。そうなるとどんなことが起きるか？　前に述べているが再度書くと以下のとおりである。

● 切削速度による影響
1. 切削速度を20％上げると工具寿命は1／2、
   切削速度を50％上げると工具寿命は1／5に低下する。
2. 切削速度が低い（20～40m/min.）低速度側でもびびり振動が発生
   しやすく、工具寿命は短くなる。

ということで、工具交換頻度がアップするので、制約条件として入れたと考える。要は知っていたか、既に試したかのどちらかである。まあ、工作機械メーカーが苦戦するレベルであるので、全てお見通しなのだと思う。

さすががD社さん恐るべしと私は感じた。いまでこそ、こんな文章を書いているが、当時は「すっげー、俺もそんなことできるようになれたらいいな〜」なんてワクワク・ドキドキしていた思いがある。

さて、今回のお題である加工時間短縮と刃具寿命アップは犬猿の仲は安易に加工条件を変更して時間短縮を図った改善のことです。

よく改善報告を聴くと、「スピードアップさせて〇〇秒時間短縮しました。効果は△△です。」と報告される。報告を受けている皆さんは「オーッ、凄いじゃないか」とお褒めのことば。もともと天邪鬼な性格な私は「ちょっと教えてもらいたいのだがいいかな。この条件でやると切り屑は延びないのかい」報告者の応答は「目的が時間短縮ですので見てません。」との回答。私はやはりなと思いつつ、もう一言、「切り屑が延びるとホルダーやチャックに切り屑が絡まってチョコ停を起こしたりしますので、そうなると、せっかく大きな効果が出ても半減されちゃうので、注意してください。」と付け加える。かなり優しい言い方です。その後、機会があって、報告現場を見るチャンスがあり、担当オペレータに状況を聞くと、「加工時間は早いですけど、切り屑がホルダーに絡むので、10個に1回ぐらいで設備を止めて、切り屑をニッパーで取ってました。それと、刃具が前よりだ

めになるのが早いので、結局、元のプログラムに戻して加工しています。」とのこと。

　これでは都合のよい上司受けする報告をしたのに過ぎない。だからと言って、失敗かと言うとそうではないと私は思う。前にもどこかの章で話したかもしれないが、メリットの裏には必ずデメリットが存在する。犬と猿、月と太陽、みたいなもの。しかし、昔話の桃太郎に出てくる犬と猿は仲が悪かったのか？　そんな話は何処にも出てこない。どこかで折り合いを付ければよい。刃具磨耗が早くなるのであれば、使用切削速度に見合った刃具材種（超硬⇨サーメット⇨セラミックス）に変更できないかとか、切り屑処理が問題になるなら、チップブレーカを1ランクきついものに変更するか切り込みを多く取るか等の工夫をすればよい。クーラント方法を変更するなんてこともあるだろう。そう言った犬・猿・雉の力関係が平等になれば、相乗効果も生まれよう。そう簡単ではないが、そこまでやって改善ではないかと考える。

　結果だめだったから諦めるのは労力の無駄である。しかし、悪さが見えるようになり、それを克服できる案が出せるなら、その労力は成功への授業料となりうるだろう。たぶん、元に戻したといった報告は誰もしていないと思われた。そうすると、良くなった情報だけが一人歩きし、デメリットを克服しないで進めるため、その後とんでもないことになったのは言うまでもない。

　これの怖いところは、初期的には加工はできてしまうことだ。結局、そんな簡単にできる美味しい話は、そうそう転がっていないということだ。

メリットの裏には必ずデメリットが存在する。デメリットを克服しないで改善したと言うな！　加工時間・刃具寿命・切り屑処理の3つのバランスを取れ。

前後の工程を知らないと
切削バカにはなれない

　切削加工は2次加工が殆どである。素材からの総削りならまだしも、殆ど鍛造やキャスティング等の切削前の加工がある。

　これはブラジル工場に設備を構築したときのことである。材質はSTKMパイプ材、⌀70、肉厚2.5㎜。

　この材料の両端面を1チャックで印籠（インロー）形状のオス側を造る加工。

　加工トライを行い、寸法検査に入ったら、品質部門さんが、「真円度がNGです。規格0.03㎜以下に対し0.08㎜あります。設備が悪い。」と指摘してきた。

　設備的には異常はなく、Wコレットを使用しているため、大きく真円度を悪化させる要素はない。とすると素材の真円度と形状を測定してみるとやはりNG同等以上の真円度と形状である。

　薄物加工では、チャックから外すとスプリングバック現象でもとの形に戻ろうとする。

　前工程は長いパイプ材を所定寸法に切断しているはずなので、この時のチャッキングは片側は2点で押さえてもう片側は3点押えになっている様子。早急に材料供給メーカーを調査した結果想定どおりであった。

品質部門さんの言葉を真に受け、導入設備をいくらいじり回しても解決しない案件である。
　ちなみに、真円度０.０８㎜を越えると後工程で相手との勘合ができなくなる。切削だけ分かっていてもダメよ。

第28章 ライン設備はネックを知れ。木だけ見るな森を見よ！

設備の時間短縮をやれば改善だと思っている方々も多いと考えるが、ライン化してある設備はネック工程を叩かないと改善とは言えない。ラインバランスが崩れるので逆効果というお話し。

右図のような素材（被削材）を投入し、完成品にして出す設備の集合体を私が勤めている会社では**ライン**と呼んでいる。

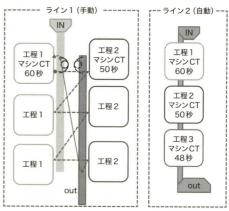

ライン1（手動）の場合

　第1工程のマシンサイクルタイム＋着脱の時間で3個品物が完成することになる。
　なぜ第1工程かというと、第1工程のマシンサイクルタイムC/Tが一番長いからである。第2工程の方が長ければ第2工程のマシンサイクルタイム＋着脱の時間が対象となる。よって、ラインタクト　T/Tは以下のとおりとなる。
　（着脱10秒＋第1工程60秒）÷3個＝23.3秒に1個の割合で品物が出来ることになる。
　通常はこの値に稼働率80～85％を掛けてタクトタイムとしている。

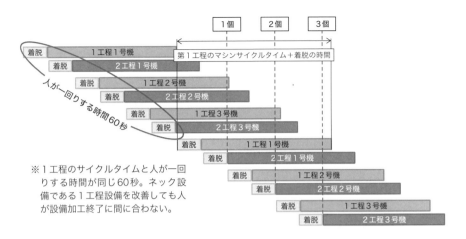

※1工程のサイクルタイムと人が一回りする時間が同じ60秒。ネック設備である1工程設備を改善しても人が設備加工終了に間に合わない。

ライン2(自動)の場合

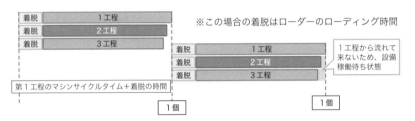

着脱10秒＋第1工程60秒＝70秒に1個の割合で品物ができる。タクトとしては、この値に稼働率80～85％を掛けてタクトタイムとしている。

　さて、今は世界で通じる言葉として、「改善」または「KAIZEN」がある。皆さんもお馴染みの言葉である。私も改善報告を聞くことが多々ある。その報告会の中で次ぎのような事例が報告された。

　ラインの形態としては上記のライン1（手動）と同一な形態をしている。改善内容は上記の第2工程設備のマシンサイクルタイムを10秒短縮したという改善内容である。10秒の短縮であるので、仮に分間の賃率を100円/分とし、月間10000個生産するとの話であったので、効果としては以下となるとのことであった。

　(10秒÷60)×100円/分×10000個＝167,000円/月　サラッと聴いてしまえばそれまでであるが、この報告を聞いたとき、私は違和感を感じた。

ライン構成（森の成り立ち）がライン1（手動）と同一形態であるとすると、この森を左右する**ネック**の木はこの木ではない。ネックとなる木を排除しない限り、この森自体は良くならないのではないかと考えた。

そこで、報告者にこんな質問をした。「凄い効果だね。これだと1時間当りの出来高は20％ほどアップしていることになるけどさ、実際はどのくらい変化したのかな？」

報告者曰く「それが、あまり変化ないんですよね。」

すかさず私「だよね！　多分第1工程のサイクルタイムの方が長いのではないかい？」

つづけて私「そうだとすると、出来高は第1工程のサイクルタイムに左右されるよね？」

もひとつ私「または人の動きが間に合わず、設備が加工を終了して待ちの状態ということも有り得るね？」

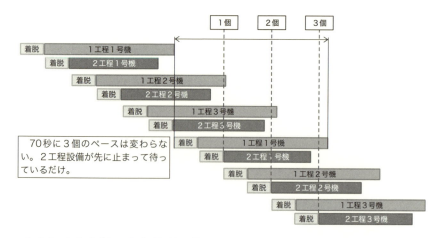

まさしく木を見て森を見ずの状況である。このような架空の儲けた話は結構多い。また、聞く側も森は見えていないので、数字に誤魔化される。

押さえるポイントとしては、まずは森全体でターゲットとなるネック設備はどれかを把握する。次にターゲットの木を改善したら、森はどう変化するか、ものづくりの現場であれば1時間当りの出来高がアップするはず。

そうならないのは、今回のように見るべき木を間違っているとか、ターゲットの木が更にもう1本森の中にあるとか、人の動きが同期できなくなっている等が考えられる。

こんな話をすると、切削とどんな関係があるのかと思われるかもしれない。しかし、よく考えていただきたい。工作機械の知識や刃具の知識だけあれば我々現場または製造に密接しているサラリーマンは飯が食えるか？我々の飯の種は造って、売って、喜ばれてなんぼの商売や。造る限りは無駄なく良いものを造りたい。だからこそ、こんなことも頭に入れながら切削という分野を見てほしい。

私はエリートではないので、愚痴をいうと、よく聞く「会社のため、世のため、人のため」などという模範解答を述べる方々がいる。私から言わせると歯が浮くようなことばである。もっと言えば虫唾が走る。全ては明日の飯の種である。明日のおかずが1品増えるか否かの問題であり、自分にとっての肥やしでもある。全体を見渡せる目をもって、その中のターゲットを発見できるようになれば、明日のおかずがステーキに化けることも可能である。ぜひご賞味あれ。

全体を見渡せる目をもって、その中の犯人を見つけ出せ。現象と原因は同じではない。

第29章 世の中、万物が師である。遊びの中にもヒントがある。

> 切削加工の勉強だから本を読めばよいと思っているあなたに警告！　基礎は大事ですが、応用は万物を見たり、聞いたり、試したりしないと発想が出てこないよ。

　切削という言葉を聴くと、私を含め皆さん切削加工の基礎や公式・刃具の材種や形状・硬さ等々を一生懸命に勉強する。すればするほど訳が分からなくなる。専門用語が多々出てきてより一層頭が混乱する。理解できなくなると、この切削という分野が嫌になってくる。嫌になってくると、うわべの知識だけを得て逃避体制に入る。よって、知っているようで知らない世界が出来上がる。しかし、分かってくるとこれほど面白い世界はないが分かってくるまでには、相当な葛藤があった。

　私が面白いと思えたのは恩師の一言であった。当時サーメットの刃具が出始めたころの昔話である。もうあれから30年経つかな？

恩師「山下君、サーメットという母材の刃具があるだろ、**サーメット**は日本語だって知ってた？」

私　「英語ではないのですか？」

恩師「まあ、英語と言えば英語なんだけど、強いて言うなら和製英語だね！　だからアメリカ行っても通じないよ。「Ceramics + metalの合成語でCermetらしいよ。主成分はTi系化合物みたいだけど。簡単に言うとTi系の瀬戸物みたいなものだね！　お茶碗のかけらで削るかハハハ」

　私はこのときハッとした。私だって知っているつもりであったが、この

刃具をどう使っていくのか手探りの状態であったのに、この親父いや恩師は的確にその刃具の特徴を捉えていた。

　私は目の前にある刃具しか見えていなかった。それに対し、恩師は身近にあるものに置き換えて、その特徴となるイメージを伝えてくれたのだ。

　ということは、瀬戸物のお茶碗は落とすと欠ける。衝撃には弱いということか。だったら断続の切削には向かない。熱にはどうだろうか？　もともと高温で焼き固めてあるはずだから熱には強いはず。そうすると仕上げの連続切削には向いている。親和性はどうか？　セラミックスに近いと考えると耐親和性も良いはず。ならばやはり仕上げ加工に適用するのが良いと考えられる。

　今では当たり前のように使っているが、最初はこんなもんです。

このことから学んだのは、分からないと難しく考えている自分が恥ずかしいのと、身近にある自分が馴染みのあるものに置き換えることで実はそんなに難しくないのだということである。この方法は30年を経た今でも使わせていただいている。

　ただ、この置き換えという手法は意外と雑学がないと的確に置き換えができない。板ガラスはどうやって造るのか？　今は野菜のカットをウォータージェットで切っているだとか、公園で砂場の子供を見ながらこんな方法もあるのかと考えさせられたり。魚釣りをしながら、えさと魚の相性があったり、針の大きさ、ハリスの太さによって釣果が変わったり。ゴルフボールのディンプルの違いは何に影響するかなど、切削には一見何も関係なさそうな事柄ばかりである。しかし、話す相手の趣味であったり、日常の出来事であったりすると、これらの共通点を例に挙げて話すと理解度は格段に上がる。

　では、これら雑学の「玉」はどこで調達するか？　それは日々の中でしか調達できない。たとえパチンコをしていたとしても、下皿の中心に出球が集まってくるのを見て「へ〜」と思える目を養っているかどうかである。……下皿の底は平らではないRが付いている。

　そう考えると、世の中の万物が色々なことを教えてくれる師であると言える。そして、そんな目を養っていくと、切削はそんな難しく考える必要はなくなってくる。むしろ面白さが増してくる。そうやって嵌っていく。ぜひ皆さんも日々を大切にしてほしい。

　余談になるが、私も皆さんも言い訳として出てしまうのが「忙しいんですよね」という言葉である。ある人からこんな助言をいただいたことがある。「忙しいという漢字は心を亡くすと書くんですよね」「人が心を亡くしては良い仕事はできませんよ」と言われた。全くそのとおりだと私は思う。会社も大きくなり、私も大きな組織の1粒に過ぎないサラリーマンである。ついついルーチン業務に走ることもある。だが、吹けば飛ぶような将棋の

駒かもしれないが、歩には歩なりの意地として、心だけは前向きさを忘れないようにしたい。

そういえば、この頃若手と話をするなかで、「能力と体力は売っても、魂は売るな。魂まで売ったら自分が自分でなくなるぞ」とよく話している。まあ、宮仕えの辛いところで、白いものを黒だと言われると「そうですね黒ですね」と言える奴は出世するのが世の常である。それが言えないバカな自分を私は嫌いではない。なぜなら、これは価値観の問題だからである。

どちらも大変な道だけど、いつかあなたも選択する日が来るのではと思う。どちらの道を選ぶかはあなたの人としての価値観の問題ですのであなた次第です。

世の中の万物が色々なことを教えてくれる師である。「誰も教えてくれない」と言い訳をするな。学ぼうとする意思が有るか無いかの問題だ。

第30章 人生、見たり聞いたり試したり。試すことで自分のものとせよ！

> 皆さんは、見たり聞いたりはよくやる手段で行っているだろう。しかし、肝心なのは試したりである。事実は試したりにあるのになぜやらない。自分のものにするには何時やるの？今でしょ！

　この章に至るまで、ぐたぐたと書き連ねてきたが、ここで一区切りつけたいと思う。

　今や情報時代となり、分からないことはネットで検索するとある程度の答えやそれに関連する情報は入手できる。良き時代になったものだ。と同時にこの溢れる情報の信憑性はどうかと問われると誤情報も多々混じっている。それをも含めて鵜呑みにしているのが今の時代ではないだろうか？

　人は見たり聞いたり（ネット検索を含め）したことを、あたかも自分の経験として取り込んで満足してるようにも思える。別にそれを否定しているわけではない。人としては素直な人だと思う。

　だが、現実はどうか？　実際に試してみると確かにその通りであるが、付属して大きなリスクを裏に抱えているなんてことも数多く発生する。そもそも、デメリットの部分をご丁寧に書き表す資料も珍しいと思うので、当然の結果であろう。

　よって、一番怖いのは、上手くいった情報のみを使用して「何処何処の会社はこれでやっていくら儲けているからウチもやれ」などと裏も知らずに強制する輩がいると最悪である。儲けている会社は裏のリスク回避をきちっとやっているから儲かるのだ。

私がまだ若かりし頃、ある役員の方からこんなことを言われた。「山下君な！　若いうちは否定することから始めなさい。歳をとったら肯定することを覚えなさい。」今、この歳になって何となく分かるような気がする。

　否定するからには、否定する理由と事実が必要である。事実はやってみて自分の目で見ないと分からない。では試してみるか。こんな流れを見越した言葉であった。

　おかげ様で試してガッテンならぬ試して失敗を嫌というほど味わい、今では「こうやるとこうなるだろうな！　そうするとこういうネガが発生するだろうな！」といった予測ができるようになった。

　今では笑い話になるが、STKMの中空パイプを加工するというので相談されたことがあり、助言として、「普通の3つ割コレットを使用すると、この規格の真円度は確保できないよ」とアドバイスした。その後、私は海外出張のため2週間ほど日本を離れ、帰国したらその担当者がすっ飛んで来て「精密級のコレットを使ったのですが、山下さんの言った通りになっちゃったんです。どうしたらよいのですか？　助けてください。」という。

私「だから言ったじゃなの！　駄目だよって」
続けて担当「ところでどうしてそうなるって分かったんですか？」
私「おかげ様で同じ失敗を10年前にやってるものでね」
すかさず担当「でっ、でっ、どうやって直すんですか？」
私「軍事機密だから漏洩はお値段高いよ。いくら出す？」
担当「……それでは、出世払いということで」
私「そう言って出世して払った奴は一人もいないけどねぇ……。まあ冗談はともかく、まず私が今考えていることが事実だとすると、真円度形状はおむすび形になっているはずです。2000倍以上で測定して形状をプリントアウトしてください。おむすび形状であったら、コレットチャック内周に溝を入れ、割りを6つにしてコレットを作製してください。とりあえずそれでテストだね。それでも駄目ならダイヤフラムチャックに変更検討かな？」

　言うまでもないが、真円度の確保ができ、無事サンプルも納入できた。

また、当時担当の彼も出世したのだが、未だに出世払いの料金は未納である。

　自分でやって失敗したことは10年経っても覚えているものだなとも思い、ただ聞いただけでは忘れていたことだろう。試すことの重要性と失敗した者だからこそ分かる事実が今の自分の身になっていることをつくづく感じた。
　そういえば、誰かが「99回失敗しても100回目に成功すれば、それは成功なんですよ」なんてことを言っていたが、そこまで失敗すると流石に首が飛びそうで怖い。

　最後に。長い人生の中で、見たり聞いたりして情報を仕入れることは重要である。だが、その情報を使えるようにするには試してもがいて自分のものにして使いこなすことが必要ではないか？　まずは否定してみてやってみて、その通りであれば、素直にごめんなさいをすればよい。やらずに鵜呑みにするのはどうかと思う。
　失敗してもがいた分だけ後に血となり肉となることを忘れずに、そして諦めずに、日々の出会いを大切にしてほしい。

若いうちは否定することから始めなさい。歳をとったら肯定することを覚えなさい。否定するからには、否定する理由と事実が必要である。

最後に一言

　皆さんの時代には、除去加工という観点で言ったら様々な方法が提案されてくるだろう。水・光・電気・砂等の刃具とは異なる加工方法である。ワクワク、ドキドキするよね。

　そして、こいつらとのコラボなんてのもある。加工する相手（被削材）においても耐熱鋼やCFRPといった、今までにない材料が出てくる。まるでアニメのドラゴンボールやワンピースのようで夢がふくらむ。

　戦いの日まで、技術（情報・理論等）を収集し、技能（使いこなせる腕）を磨け！　ぼけっとするな！　語り合える友を創れ！　そして、大海原へ出航だ！！

　行き着く先には、皆さんの笑顔と品物を手にとって喜ぶお客様がそこにいるはずである。また、そうでなければならない。私はただのサラリーマンであるが、それでも自分の造った製品には愛着があるし、手にした人が笑顔になるのは大好きである。

　さあ皆さん、自分のワンピースを探しに行きましょう。

索　引

【あ】

Ra ································· 64
RzJIS ······························ 64
ISO規格 ··························· 119
アイドルタイム ················· 140
アルミ ···························· 128
薄物加工 ·························· 52
エアーカット ···················· 141
A 1 種 ···························· 54
A 3 種 ···························· 54
ADC12 ··························· 128
ADC6 ···························· 128
A 2 種 ···························· 54
SPCC ····························· 38
エマルジョン ····················· 54
MQL ····························· 54
オシャカ ·························· 42

【か】

回転数 ···························· 25
加工サイクルタイム ············ 139
加工時間 ························· 139
加工面の粗さ ····················· 64
勝手無し ·························· 92
キャリパー ························· 3
切り屑 ··················· 2, 36, 138
切込み ······························ 8
切込み量 ·························· 12
クーラント ···················· 32, 54
K05種 ··························· 116
K10種 ··························· 115
削りしろ ······················· 8, 10
嫌気菌 ···························· 34
工作機械 ··························· 2
工作物 ····························· 2
コーティング ··················· 118
コレットチャック ·············· 128

【さ】

サーメット ······················ 152
サイクルタイム ·················· 69
最大高さ ·························· 64
材料 ······························ 28
SUS304 ·························· 28
算術平均粗さ ····················· 64
仕上げ用ブレーカ ················ 14
JIS ······························ 119
ジュウハチハチ ·················· 28
十点平均粗さ ····················· 64
潤滑 ······························ 54
除去加工 ··························· 4
芯高 ····························· 109
水溶性 ···························· 54
水溶性クーラント ················ 34
水溶性切削油剤 ·················· 54

すくい面 …………………………… 108
スポット溶接 ………………………… 4
寸法精度 ……………………………… 2
切削加工 ……………………………… 2
切削工具 ……………………………… 2
切削抵抗 ………………………… 38, 51
切削油剤 …………………………… 54
旋削 …………………………………… 2
ソリューション …………………… 54
ソリュブル ………………………… 54

【た】

ターレット式旋盤 ……………… 111
ダイカスト ………………………… 128
ダイヤフラムチャック ………… 129
立バリ ……………………………… 44
撓み量 ……………………………… 102
タングステン ………………………… 4
断続加工 …………………………… 60
断続切削 …………………………… 60
チップブレーカ …………………… 14
突出し量 …………………………… 103
DIN ………………………………… 119
統合 ………………………………… 141

【な】

ニアネットシェイプ ………………… 6
肉盗み ………………………………… 8
逃げ面 ……………………………… 108
抜けバリ ………………………… 44, 60

ネック ……………………………… 150
ネットシェイプ …………………… 12
ノギス ………………………………… 3

【は】

ハイス工具 …………………………… 4
バイト ………………………………… 2
バックラッシ ……………………… 96
バリ ………………………………… 61
被削材 ………………………………… 3
左勝手 ……………………………… 92
表面粗さ ……………………………… 2
不水溶性 …………………………… 54
ブランク図 ………………………… 70
防錆 ………………………………… 54

【ま】

右勝手 ……………………………… 92
目飛び ……………………………… 12

【や】

ヤング率 …………………………… 105

【ら】

ライン ……………………………… 148
理論粗さの計算式 ………………… 66
冷間圧延鋼板 ……………………… 38
冷却液 ……………………………… 54
連続切削 …………………………… 60
ローディング …………………… 140

2017年10月15日　初版第1刷発行

切削の本

NDC：532

著　　者	山　下　　　誠
発 行 者	金　井　　　實
発 行 所	株式会社　大　河　出　版

定価はカバーに表示してあります

（〒101-0046）東京都千代田区神田多町2-9-6
　　　　　　TEL（03）3253-6282（営業部）
　　　　　　　　（03）3253-6283（編集部）
　　　　　　　　（03）3253-6687（販売企画部）
　　　　　　FAX（03）3253-6448
　　　　　　http://www.taigashuppan.co.jp
　　　　　　info@taigashuppan.co.jp
　　　　　　振替 00120-8-155239番

〈検印廃止〉
落丁・乱丁本は弊社までお送り下さい。
送料弊社負担にてお取り替えいたします。

印　刷　株式会社エーヴィスシステムズ

Ⓒ TAIGA Publishing Co., Ltd. 2017　Printed in Japan
ISBN 978-4-88661-727-9-C3053